# 공간의 공감

# 공간의 공감
*Emotional Space*

이혜진 지음

우리 삶과
행복을
결정
짓는
공
간
의
비
밀

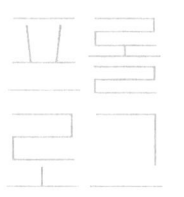

영화 '리바운드'를 보면서 자연스럽게 친환경 건축에서의 리바운드 효과를 떠올리게 되었습니다. 영화 속에서는 실수와 실패를 만회하려는 주인공들의 노력과 감동적인 이야기가 펼쳐지지만, 현실 속에서는 우리가 미처 깨닫지 못한 또 다른 리바운드 효과가 숨어 있습니다. 리바운드 효과는 좋은 의도로 시작된 행동이나 기술, 정책이 오히려 예상치 못한 결과를 초래하는 것입니다. 예를 들어, 플라스틱 사용을 줄이기 위해 다회용품을 사용하는 것은 매우 친환경적인 행동이지만 다회용품의 디자인을 다양화하고 이를 마케팅으로 포장하면 사람들은 더 많이 사게 되고 결국 다회용품이 일회용품으로 전락할 위험이 생기게 됩니다.

　기술개발과 정책 도입을 통해 비용이 감소하면 많은 자원을 절약할 수 있을 것처럼 보이지만 그로 인해 더 많은 소비와 낭비가 발생하는 것이 현실입니다. 이러한 역설은 우리가 공간을 계획하고 설계할 때도 마찬가지입니다. 공간의 본질은 단순히 머무는 장소를 제공하는 것이 아니라 우리의 삶의 질을 좌우하고, 일상에 깊은 영향을 미치는 중요한 요소입니다. 그렇기에 눈에 보이는 물리적인 형태를 넘어 우리의 내면과 삶에 미치는 영향을 깊이 이해하고, 생각하고, 실천하는 것이 필요합니다. 하루 중 80% 이상을 실내에서 보내는 우리에게 공간의 구조, 방향, 형태 등 물리적인 환경이 우리의 사고, 감정, 기억, 행동에 지대한 영향을 미치게 되므로 공간이 단지 눈에 보이는 물리적인 형태를 넘어 우리의 내면과 삶에 미치는 영향을 깊이 이해하고, 보다 나은 미래를 위해 관심을 기울이는 것이 필요합니다. 신경과학과 건축학이 만나 탄생한 신경건축학은 뇌 친화적 공간 설계를 위한 새로운 해법을 제시합니다. 조명, 색채, 재질, 형태 등 공간을 구성하는 다양한 요소들이 뇌의 활동에 어떤 영향을 주는지 과학적으로 분석하고, 그 결과를 바탕으로 사람의 심리와 행동을 고려한 최적의 공간을 디자인하는 것이 신경건축학의 목표입니다. 이는 단순히 아름답고 기능적인 공간을 넘어, 우리의 신체와 정신 건강, 나아가 삶의 행복까지 좌우하는 공간 설계 방식이라 할 수 있습니다.

이 책은 일상에서 공간의 영향력을 온몸으로 느끼며 살아가는 모든 사람들을 위해 쓰였습니다. 환경과 심리의 관계를 규명하는 공간 심리학, 기억과 감정에 작용하는 공간의 힘, 사회적 교류를 활성화하는 공간 디자인, 자연이 주는 치유의 효과 등 신경건축학의 다채로운 세계와 더불어 4차 산업혁명 시대, 기술과 융합하며 더욱 진화하는 공간의 미래도 함께 조망해 보고자 합니다. 우리가 머무는 공간의 질은 곧 우리 삶의 질을 결정짓기 때문에 뇌가 행복해지는 공간 속에서 우리의 잠재력도 꽃피울 수 있습니다. 이 책을 통해 공간을 새로운 눈으로 바라보고, 신경건축학과 함께 사람을 위한 최고의 공간을 디자인하는 여정이 될 수 있기를 바랍니다.

( 차례 )

프롤로그 · 4

## 1장  뇌가 좋아하는 공간의 비밀

당신의 뇌는 지금 어떤 공간을 꿈꾸고 있나요? · 017
뇌가 행복해지는 공간 설계 가이드 · 026
공간이 뇌를 지배한다! · 030
건축 환경과 뇌의 화학작용 · 033
뇌가 선호하는 색채와 재질의 비밀 · 038
공간, 기억, 그리고 감정의 트라이앵글 · 042

## 2장  오감으로 느끼는 공간의 언어

시각이 지배하는 공간 경험의 세계 · 055
귀로 읽는 공간의 메시지 · 061
코로 맡는 공간의 향기 · 067
손으로 느끼는 공간의 온도 · 072
공감각의 즐거움 · 076
감각 친화적 학습 공간 디자인하기 · 080

### 3장 기억을 자극하는 공간의 힘

공부가 잘되는 공간의 비밀 · **094**
뇌가 선호하는 학습 공간 디자인하기 · **100**
기억의 궁전을 디자인하라! · **104**
교실도 기억의 장소가 될 수 있다! · **109**
공간, 뇌, 기억의 혁신적 콜라보레이션 · **114**
우리 아이 최고의 학습 공간 만들기 · **119**

### 4장 마음을 치유하는 공간의 언어

우울한 공간이 우울증을 부른다? · **133**
스트레스를 줄이는 인테리어 디자인 · **139**
뇌가 평온해지는 컬러 테라피 · **144**
우울증, 공간 디자인으로 극복하기 · **151**
행복한 뇌를 위한 행복한 공간 만들기 · **157**
내 아이의 감성을 살리는 방 인테리어 · **166**

### 5장  사람을 연결하는 공간의 힘

대화가 샘솟는 공간 디자인의 비밀 · 180
모두가 행복한 공동체를 디자인하라! · 184
사무실도 사랑방이 될 수 있다! · 191
놀이터는 사회성 교육의 장! · 197
사회적 고립을 해결하는 건축 환경 혁신 · 201
뇌가 좋아하는 소통과 협업의 공간 · 204


### 6장  자연을 품은 공간, 행복한 뇌

뇌가 좋아하는 자연의 색과 빛 · 216
당신의 뇌에 휴식을 선물하세요! · 222
식물은 당신의 최고의 인테리어 파트너! · 226
숲은 우리의 치유 공간 · 230
내추럴 소재로 완성하는 뇌 친화적 공간 · 235
내 아이와 함께 자라는 생태 놀이터 만들기 · 240

### 7장 뇌에 날개를 다는 창의적 공간!

창의력은 공간에서 시작된다! · 252
업무 효율을 높이는 뇌 친화적 오피스 디자인 · 259
공간 혁신으로 비즈니스 혁신을 이끌다! · 263
아이디어가 번쩍이는 회의실 만들기 · 269
직원이 행복해야 회사도 행복하다! · 272
뇌가 얼마나 행복한가에 성과가 달렸다! · 275

### 8장 미래를 여는 공간, 신경건축학

AI와 함께하는 똑똑한 공간 설계 · 289
가상현실로 경험하는 뇌 친화적 공간 · 298
100세 시대, 모두를 위한 유니버설 공간 디자인 · 305
공간과 자연, 그리고 인간의 지속 가능한 공존 · 309
뇌와 AI의 콜라보레이션 · 314
당신의 뇌를 위한 행복한 공간 설계 · 318

에필로그 · 324

# 1 뇌가 좋아하는
공간의 비밀

## 뇌가 좋아하는 공간의 비밀

우리의 삶은 다양한 공간에서 이루어진다. 우리가 머무는 공간의 디자인은 단순히 심미적인 아름다움을 넘어, 우리의 인지 능력과 정서에 지대한 영향을 미친다.

공간 요소에 대한 뇌의 반응을 살펴보면, 공간의 배치, 조명, 색채, 재료 등 다양한 측면이 관여한다. 공간의 구조와 배치는 주의력과 기억력 같은 인지 과정에 영향을 미치며, 조명 환경은 기분, 각성도, 인지 수행 능력을 변화시킨다. 특히 자연광은 기분을 향상시키고 인지 기능을 높이는 것으로 알려져 있다. 색채는 서로 다른 감정 반응을 유발하고 특정한 정서적 분위기를 조성하는 데 활용될 수 있으며, 공간 디자인에 사용되는 재료는 정서 상태에 영향을 미친다. 자연 재료는 따뜻함과 편안함을 주는 반면, 합성 재료는 거리감을 느끼게 할 수 있다.

뇌 연구는 뇌와 공간 요소 간의 복잡한 상호작용을 밝혀내고 있다. 뇌의 서로 다른 영역이 공간의 다양한 측면을 처리하며, 이들이 상호작용하여 복합적인 감정과 인지 반응을 만들어낸다. 이러한 신경 메커니즘을 이해함으로써 우리는 인지 능력을 최적화하고 정서적 안녕을 증진하는 공간을 설계할 수 있다.

신경건축은 뇌친화적 공간을 만들기 위한 다양한 근거 기반 전략과 원칙을 제공한다. 자연 요소를 건축 환경에 도입하는 바이오필릭 디자인은 소속감을 높이고 불안을 줄이며 심리적 안녕을 지원하는 것으로 나타났다. 인지행동 디자인은 심리적 장벽을 해소하고 행동 변화를 촉진하며, 감각 자극은 색채, 소리, 질감을 최적화하여 매력적인 환경을 조성한다.

반복과 시간 간격을 둔 학습, 자가 테스트, 인지 훈련 같은 근거 기반 전략을 공간 디자인에 통합하여 기억 유지와 인지 수행 능력을 높일 수 있다. 뉴로피드백, 뇌–컴퓨터 인터페이스, 가상현실, 증강현실 등의 기술을 활용하면 몰입적인 인지 향상 경험을 제공할 수 있다.

신경건축은 개인별 맞춤형 접근의 중요성도 인식하고 있다. 인지 프로파일링과 개인화된 학습 전략을 통해 각 개인의 고유한 인지적 강점과 약점에 맞게 공간 디자인을 조정함으로써 최적의 인지 수행과 안녕을 보장할 수 있다.

신경건축의 적용 범위는 광범위하다. 치유를 촉진하고 스트레스를 줄이는 의료 시설부터 학습과 창의성을 높이는 교육 기관, 협업과 생산성을 증진하는 직장, 사회적 상호작용과 공동체 의식을 북돋우는 공공 공간에 이르기까지 뇌친화적 공간 디자인의 원칙은 우리가 건축 환경과 상호작용하는 방식을 변화시킬 수 있다.

신경과학과 건축의 융합을 계속 탐구하면서, 감성적이고 인지적으로 최적화된 공간을 만들 가능성은 무한하다. 신경건축의 원리를 받아들임으로써 우리는 뇌가 사랑하는 공간의 비밀을 풀고, 궁극적으로 삶의 질과 안녕을 향상시킬 수 있다.

신경건축의 미래는 최첨단 연구와 혁신적인 디자인이 융합되는 흥미진진한 영역이다. 우리가 공간 요소에 대한 뇌의 반응을 밝혀내면서, 인간의 뇌와 진정으로 공명하는 공간을 만드는 건축 설계의 새로운 시대를 맞이하고 있다.

이제 신경건축의 지식과 도구를 갖추고 뇌친화적 공간 디자인의 세계로 떠나보자. 뇌가 사랑하는 공간의 비밀이 우리를 기다리고 있다.

## 당신의 뇌는 지금 어떤 공간을 꿈꾸고 있나요?

우리 뇌는 끊임없이 주변 환경을 인식하고 반응하는 신비로운 기관이다. 뇌과학은 우리가 공간을 지각하고 인식하는 방식에 대해 흥미로운 사실들을 밝혀내고 있다. 이 장에서는 뇌과학 연구를 통해 밝혀진 이상적인 공간의 조건에 대해 알아보고, 우리 뇌가 지금 어떤 공간을 꿈꾸고 있는지 탐구해보고자 한다.

공간 지각은 시각, 청각, 체성감각 등 다양한 감각 정보를 통합하는 복잡한 인지 과정이다. 이 과정은 주로 후두정엽 PPC에서 이루어지는데, 이곳에서는 감각 정보와 고유수용성 정보를 결합하여 우리 주변 환경에 대한 인지 지도를 만들어낸다. 흥미롭게도 가상 내비게이션 중에는 정적인 장면을 볼 때보다 PPC가 더 활성화된다는 연구 결과가 있다. 이는 우리 뇌가 끊임없이 정신적 지도를 업데이트하고 개선하여 공간 속에서 쉽고 자신 있게 움직일 수 있도록 한다는 것을 시사한다.

그렇다면 우리 뇌는 어떤 공간을 선호할까? 연구에 따르면 공간 처리에는 주로 뇌의 우반구가 우세하지만, 구체적인 과제와 개인차에 따라 차이가 있을 수 있다. 예를 들어 남성은 우반구 우위를 보이는 경향이 있는 반면, 여성은 뚜렷한 반구 선호도를 나타내지 않을 수 있다. 또한 공간 시각화, 방향 감각, 손 조작 등 서로 다른 과제에 따라 활성화되는 반구가 달라질 수 있다.

한편 자폐증, 아스퍼거 증후군, 뇌성마비 등 발달 장애는 공간 지각에 영향을 미칠 수 있다. 이러한 장애를 가진 사람들은 자신의 신체 위치와 방향을 이해하는 데 어려움을 겪을 수 있으며, 이는 환경 내에서의 이동과 상호작용에 장애를 초래할 수 있다. 마찬가지로 두정엽 손상은 무시증이나 주의력 장애 등 공간 지각 장애를 유발할 수 있으며, 이는 일상 기능에 상당한 영향을 미칠 수 있다.

그렇다면 뇌의 이상적인 공간 청사진은 어떤 모습일까? 공간 관계를 지각하고 이해하는 우리의 능력은 이 청사진을 구성하는 데 중요한 역할을 한다. 여기에는 거리, 위치, 물체의 크기를 자신과 환경과의 관계 속에서 판단하는 능력이 포함된다. 공간 지각을 통해 현실을 구성하는 뇌의 능력은 우리가 주변 환경을 인식하고 상호작용하는 방식에 영향을 미치므로 일상생활에 필수적이다.

뉴로아키텍처 Neuroarchitecture는 신경과학과 건축학을 결합한 분야로, 스트레스를 줄이고 정서적 균형을 높이며 전반적인 심리적 건강을 증진하는 공간을 설계하는 것을 목표로 한다. 이 학제 간 접근법은 신경과학 연구의 통찰력을 활용하여 다양한 건축 요소가 우리의 뇌와 행동에 미치는 영향을 이해하고자 한다.

뉴로아키텍처의 주요 원칙 중 하나는 바이오필릭 디자인 Biophilic Design이다. 이는 식물, 물, 자연광 등 자연 요소를 건축 환경에 통합하는 것을 의미한다. 자연에 노출되면 스트레스 수준이 낮아지고 인지 기능이 향상된다는 연구 결과가 있어, 이는 뇌의 이상적인 공간 청사진에 필수적인 요소로 여겨진다.

조명 설계 또한 뉴로아키텍처의 중요한 측면이다. 다양한 공간에 적합한 조명을 선택하는 것은 기분과 에너지 수준에 상당한 영향을 미칠 수 있다. 자연광이 선호되는데, 이는 기분과 수면의 질을 향상시키는 것으로 알려져 있다. 그러나 인공 조명도 신중하게 선택한다면 효과적으로 사용할 수 있다. 조명 강도, 색 온도, 배치의 적절한 균형은 다양한 활동에 적합하고 편안함을 주는 공간을 만들어낼 수 있다.

음향 또한 공간에 대한 뇌의 반응을 결정하는 데 중요한 역할을 한다. 공간의 사운드스케이프는 우리의 편안함과 생산성에 영향을 미칠 수 있으며, 과도한 소음 수준은 스트레스 증가와 집중력 저하로 이어질 수 있다. 뉴로아키텍처에서는 흡음 소재를 사용하고 배경 소음을 최소화하는 등 최적의 음향 특성을 갖춘 공간을 설계하는 것이 정신 건강을 뒷받침하는 데 중요하다.

색채 심리학도 뉴로아키텍처의 또 다른 흥미로운 측면이다. 서로 다른 색상은 뚜렷한 감정과 행동을 불러일으킬 수 있어, 색상 선택은 뇌의 선호도와 공명하는 공간을 설계하는 강력한 도구가 될 수 있다. 오렌지색과 빨간색 같은 따뜻한 색상은 흥분과 에너지를 자극할 수 있고, 파란색과 초록색 같은 차가운 색상은 평온함과 휴식을 촉진할 수 있다. 색상의 심리적 영향을 이해함으로써 기분과 행동에 긍정적인 영향을 미치는 공간을 만들어낼 수 있다.

접근성과 포용성 또한 뉴로아키텍처에서 중요한 고려 사항이다. 신체적, 인지적 능력에 관계없이 모든 사용자가 접근 가능하고 포용적인 공간을 설계하는 것은 불안을 줄이고 전반적인 웰빙을 향상시킬 수 있다. 여기에는 명확한 길 찾기, 충분한 좌석, 접근 가능한 출입구와 출구 등의 기능을 통합하여 모든 사람이 편안하게 공간을 탐색하고 참여할 수 있도록 하는 것이 포함된다.

뉴로아키텍처의 원칙은 의료 시설, 교육 기관, 업무 공간, 주거 공간 등 다양한 실제 환경에 적용될 수 있다. 의료 분야에서는 스트레스를 줄이고 회복을 촉진하는 병원과 클리닉을 설계함으로써 환자의 건강 결과를 개선할 수 있다. 교육 분야에서는 인지 기능을 향상시키고 방해 요소를 줄이는 교실을 만들어 학생의 성과와 전반적인 교육 경험을 개선할 수 있다. 업무 공간에서는 협력, 창의성, 집중력을 촉진하는 사무실을 설계하여 생산성과 직원의 웰빙을 높일 수 있다. 주거 공간에서는 자연 요소, 최적의 조명, 안정감을 주는 색상을 통합하여 정신 건강과 웰빙을 뒷받침하는 집을 만들 수 있다.

신경과학과 건축의 교차점을 계속 탐구하면서 도파민 디자인 Dopamine Decor이라는 개념이 영감을 주고 동기를 부여하는 공간을 만드는 강력한 도구로 떠오르고 있다. 도파민은 즐거움, 동기 부여, 만족감과 관련된 신경전달물질로, 다양한 디자인 요소와 전략에 의해 영향을 받을 수 있다.

도파민 디자인의 핵심 요소 중 하나는 빨간색, 주황색, 노란색과 같은 따뜻하고 생생한 색상의 사용이다. 이러한 색상은 도파민 수준을 높이고 공간에 에너지와 열정을 불어넣는 것으로 알려져 있다. 식물, 자연광, 자연 영감을 받은 소재 등 자연 요소를 통합하는 것 또한 평온함과 야외와의 연결 감각을 만들어내어 기분과 동기를 높일 수 있다.

감각적 참여는 도파민 디자인의 또 다른 중요한 구성 요소이다. 기분을 향상시키고 집중력을 높이는 다감각적 경험을 만들어내기 위해 기분 좋은 향기, 편안한 소리, 촉각적 질감 등이 모두 도파민 분비를 촉발할 수 있다. 개인화 또한 매우 중요한데, 개인의 취향, 취미, 관심사에 맞게 공간을 맞춤화하는 것은 개인의 목표와 열망에 공명하여 더 매력적이고 동기 부여가 될 수 있다.

인체공학과 기능성은 영감을 주고 동기를 부여하는 공간을 만드는 데 핵심적인 역할을 한다. 적절한 정리, 인체공학적 가구, 효율적인 수납 솔루션은 집중력과 동기 부여에 도움이 되는 환경을 조성하여 압도감을 줄일 수 있다. 보상 위치를 강조하는 뇌의 외측 격벽 Lateral Septum 영역은 보상이나 목표를 강조하는 요소를 통합하는 것이 목표 지향적

행동을 높일 수 있음을 시사한다.

  연구에 따르면 공간 학습은 일화 기억을 위한 내측두엽MTL 시스템의 기능 장애로 특징지어지는데, 이는 기억 형성과 인출을 지원하는 요소를 통합하는 것이 중요함을 강조한다. 학습과 기억을 촉진하는 공간을 설계함으로써 우리는 단순히 영감을 주고 동기를 부여할 뿐만 아니라 인지 기능과 개인 성장을 지원하는 환경을 만들어낼 수 있다.

  결론적으로, 공간에 대한 뇌의 반응은 우리의 삶과 웰빙을 개선하는 데 엄청난 잠재력을 가진 복잡하고 매혹적인 주제이다. 우리의 공간 선호도를 형성하는 신경 메커니즘을 이해하고 뉴로아키텍처의 원칙을 적용함으로써, 우리는 행복, 건강, 개인 성장을 촉진하는 진정으로 뇌와 공명하는 공간을 만들어낼 수 있다. 신경과학과 건축의 교차점을 계속 탐구하면서, 우리는 단순히 미적 매력을 위해서가 아니라 정신적, 신체적 웰빙을 지원하고 향상시키는 능력을 위해 설계된 공간이 있는 미래를 기대할 수 있다. 뉴로아키텍처의 비밀은 뇌의 이상적인 공간 청사진을 풀어내고, 우리를 영감을 주고 동기를 부여하며 번영을 돕는 환경으로 이끄는 힘에 있다는 것을 깨닫는 것이다. 이를 위해서는 신경과학과 건축의 협력이 필수적이며, 이 두 분야의 전문가들이 함께 노력해야 한다.

신경과학자들은 공간 지각, 인지, 정서에 관여하는 뇌 영역과 메커니즘에 대한 깊이 있는 이해를 제공할 수 있다. 이러한 통찰력은 건축가들이 사용자의 뇌에 긍정적인 영향을 미치는 공간을 설계하는 데 도움이 될 수 있다. 이들의 전문 지식은 미학, 기능성, 신경과학적 고려 사항 간의 완벽한 균형을 이루는 공간을 만드는 데 필수적이다.

또한 정책 입안자, 도시 계획자, 개발자 등 다양한 이해 관계자의 참여와 지원이 뉴로아키텍처의 광범위한 채택과 구현을 위해 중요하다. 이들은 건물 규정, 지역 코드, 자금 조달 메커니즘을 통해 두뇌에 최적화된 공간의 개발과 건설을 장려하고 강화할 수 있는 고유한 위치에 있다. 교육과 지식 공유 또한 이 학제간 분야의 성장과 진화를 위해 필수적이다. 컨퍼런스, 워크숍, 교육 프로그램 등을 통해 뉴로아키텍처의 개념과 실천을 널리 알리고, 미래 세대의 신경과학자, 건축가, 디자이너들에게 영향을 미칠 수 있다.

궁극적으로 뉴로아키텍처는 우리가 살고, 일하고, 배우고, 치유하는 공간을 변화시킬 수 있는 힘을 가지고 있다. 우리는 단순히 아름답고 기능적일 뿐만 아니라 우리의 인지, 정서, 전반적인 웰빙에 긍정적인 영향을 미치는 환경을 조성할 수 있다. 이는 개인, 공동체, 사회 전체에 심오한 영향을 미칠 수 있는 변혁적인 잠재력을 가지고 있다.

따라서 뉴로아키텍처의 미래는 밝고 고무적이다. 신경과학과 건축의 교차점에 대한 우리의 이해가 깊어짐에 따라, 우리는 인간의 경험을 풍요롭게 하고 잠재력을 최대한 발휘할 수 있는 공간을 만들어낼 수 있는 더 큰 능력을 갖게 될 것이다. 이는 단순히 건물을 설계하는 것이 아니라, 번영과 성장을 위한 환경을 조성하는 것이다. 뇌의 이상적인 공간 청사진을 이해하고 구현함으로써, 우리는 모두를 위한 더 나은 미래, 모두가 충만하고 만족스러운 삶을 누릴 수 있는 미래를 건설할 수 있다.

## 뇌가 행복해지는 공간 설계 가이드

우리는 하루의 80% 이상을 실내에서 보내며, 그 공간이 우리의 감정과 인지, 행동에 지대한 영향을 미친다. 공간 디자인은 단순히 아름다움을 추구하는 것을 넘어, 인간의 심리와 생리에 직접적인 작용을 한다.

뉴로아키텍처는 신경과학과 건축학의 융합을 통해, 인간의 인지, 정서, 행동에 긍정적 영향을 미치는 공간을 설계하는 원리와 적용 방안을 연구한다. 이는 기능적 목적을 넘어 거주자의 심리적, 생리적 안녕을 증진시키는 건축 환경을 조성하는 것을 목표로 한다.

빛이 공간을 통과하는 방식부터 새로 칠한 벽의 냄새에 이르기까지,

우리의 감각적 경험은 기분, 인지, 행동에 심오한 영향을 미친다. 뇌가 이러한 자극을 어떻게 처리하고 반응하는지 이해함으로써, 정신적, 신체적 건강을 최적화하는 공간을 설계할 수 있다.

뉴로아키텍처의 기본 원칙 중 하나는 자연 요소의 통합이다. 자연을 건축 환경에 도입하는 바이오필릭 디자인 Biophilic Design은 스트레스를 줄이고, 인지 기능을 향상시키며, 전반적인 웰빙을 증진하는 것으로 알려져 있다. 자연광을 최대한 활용하기 위한 창문의 전략적 배치부터 살아있는 벽면과 실내 식물의 도입에 이르기까지, 생물학적 요소는 단조로운 공간을 생동감 넘치는 환경으로 변모시킬 수 있다.

또 다른 핵심 요소는 감각적 경험에 대한 고려이다. 공간이 주는 감촉, 소리, 심지어 냄새는 우리의 감정 상태와 인지 능력에 상당한 영향을 미칠 수 있다. 재료, 질감, 음향을 신중하게 선택함으로써 집중력, 창의력, 휴식을 촉진하는 공간을 만들 수 있다. 예를 들어, 부드럽고 곡선적인 선과 유기적 형태는 편안함과 안정감을 불러일으키는 반면, 나무와 돌과 같은 천연 소재의 사용은 우리를 땅과 연결해주고 안정감을 줄 수 있다.

뉴로아키텍처 원리의 적용은 주거 및 상업 디자인의 영역을 훨씬 넘어선다. 예를 들어 의료 환경에서 환자실, 대기실, 치료 공간의 심사숙고한 설계는 환자의 회복과 안녕에 큰 영향을 미칠 수 있다. 스트레스를 줄이고, 치유를 촉진하며, 공동체 의식을 함양하는 환경을 조성함으로써 뉴로아키텍처는 환자의 결과를 개선하고 전반적인 의료 경험을 향상시키는 데 중요한 역할을 할 수 있다.

또한 교육 현장에서도 인지 능력을 최적화하고 협업을 장려하는 학습 환경을 조성할 수 있다. 창의력을 자극하기 위한 색채의 전략적 사용부터 다양한 학습 방식을 수용할 수 있는 유연하고 적응력 있는 공간의 통합에 이르기까지, 뉴로아키텍처는 전통적인 교실을 역동적이고 몰입도 높은 학습 환경으로 변모시킬 수 있다.

공공 공간 설계에도 중대한 영향을 미친다. 사회적 상호작용을 촉진하고, 공동체 의식을 고취하며, 신체 활동을 장려하는 환경을 조성함으로써 전체 지역사회와 도시의 웰빙을 향상시킬 수 있다. 공원과 녹지 공간의 설계부터 도로와 보도의 배치에 이르기까지, 뉴로아키텍처는 활기차고 살기 좋은 지역사회를 만드는 데 기여할 수 있다.

뇌와 건축 환경에 대한 반응의 신비를 계속 풀어나감에 따라 뉴로아키텍처 분야는 의심할 여지없이 진화하고 확장될 것이다. 신경과학자,

심리학자, 기타 전문가들과 협력함으로써 건축가와 디자이너는 심미적으로 아름다울 뿐만 아니라 인간의 웰빙을 위해 기능적으로 최적화된 공간을 만들 수 있다.

뉴로아키텍처의 힘은 우리 주변 세계를 경험하는 방식을 형성하는 능력에 있다. 행복, 건강, 웰빙을 증진하는 공간을 설계함으로써 개인적으로나 직업적으로 번영할 수 있는 환경을 만들 수 있다. 우리가 앞으로 나아감에 따라 뉴로아키텍처의 원칙을 수용하고, 인간의 정신을 고양시키고 모든 거주자의 삶의 질을 향상시키는 공간을 만들기 위해 노력하는 것이 중요하다.

인지적, 정서적, 신체적 웰빙에 긍정적인 영향을 미치는 디자인의 힘을 활용함으로써, 우리를 지지하고 키워주는 건축 환경을 만들 수 있다. 신경과학과 건축의 매혹적인 교차점을 계속 탐구하면서, 뉴로아키텍처의 원칙에 따라 영감을 주고, 치유하며, 경험하는 모든 이에게 기쁨을 가져다주는 공간을 만들 수 있다.

## 공간이 뇌를 지배한다!

공간은 우리의 생각과 행동을 지배한다. 건축 환경은 인간의 정서와 생산성, 삶의 질에 지대한 영향을 미친다. 우리가 머무는 공간의 설계와 배치는 우리의 행복과 건강에 결정적인 역할을 한다.

공간 심리학의 가장 중요한 측면 중 하나는 개인 공간의 심리학이다. 가구 배치, 색상, 조명, 공간 배치 등은 우리가 공간 내에서 이동하고 상호작용하는 방식에 큰 영향을 미친다. 예를 들어, 개방된 공간은 자유로움과 사교성을 촉진하는 반면, 잘 정의된 공간은 아늑함과 안전감을 줄 수 있다. 인테리어 디자이너는 색상, 조명, 개인화 등을 전략적으로 사용하여 특정 정서와 경험을 유발하는 분위기를 조성하고, 궁극적으로 거주자의 정신적 안녕에 기여할 수 있다.

건축 환경에 자연을 통합하는 것은 신경 건축학의 또 다른 중요한 요소이다. 식물, 천연 소재, 자연경관 등을 통합하는 바이오필릭 디자인 biophilic design은 기분 개선과 스트레스 감소에 효과가 있는 것으로 알려져 있다. 우리 주변의 자연은 평온함을 조성하고, 건축 환경 내에서도 자연과의 연결고리를 제공한다.

공공 공간에서 신경 건축학은 사회적 상호작용, 인지 성능, 정서 조절을 촉진하는 환경을 설계하는 데 중요한 역할을 한다. 자연광, 유연하고 협력적인 공간, 시각적 자극 요소 등을 통합함으로써 참여, 집중, 전반적인 웰빙을 장려하는 공간을 만들 수 있다. 음향, 공기 질, 길 찾기 등에 대한 세심한 고려 또한 사용자의 요구와 행동을 지원하는 공공 공간 조성에 기여한다.

신경 건축학은 의료 시설, 학교, 교정 시설 등 건축 환경이 정신 건강과 웰빙에 상당한 영향을 미칠 수 있는 기관에서 특히 중요하다. 의료 시설에서는 자연 요소의 통합과 가구 디자인에 대한 신중한 고려가 스트레스와 불안을 줄이고, 회복 시간을 단축시키며, 건강 결과를 개선할 수 있다. 학교에서는 신경 건축학 원칙이 집중력, 기억력, 전반적인 학업 성취도를 향상시키는 환경을 조성함으로써 학습과 인지 능력을 향상시킬 수 있다. 교정 시설에서는 자연 요소가 있는 야외 공간과 사회적 상호작용 및 평온함을 촉진하는 공간의 설계가 재활과 정신 건강 지원에 도움을 줄 수 있다.

우리가 일상생활을 영위하면서, 주변 환경이 정신적 건강에 미치는 심오한 영향을 인식하는 것이 중요하다. 신경 건축학의 원칙을 이해하고 개인 공간, 공공 장소, 건축물의 환경 설계에 이를 통합함으로써 우리는 행복, 건강, 전반적인 삶의 질을 증진하는 환경을 조성할 수 있다. 우리가 머무는 공간은 단순한 물리적 구조물이 아니다. 그것은 우리의 생각, 감정, 행동을 형성하는 마음의 연장선이다. 우리는 삶의 질을 높이고, 번영을 도울 수 있는 공간을 만드는 비결을 찾을 수 있다.

## 건축 환경과 뇌의 화학작용

공간이 우리의 감정과 행동에 미치는 영향은 오래전부터 알려져 왔지만, 최근 신경건축학neuroarchitecture이라는 분야가 주목받으면서 건축 환경과 뇌 기능 간의 화학적 상호작용에 대한 연구가 활발히 이루어지고 있다. 건축 공간의 디자인이 우리의 뇌 기능에 미치는 영향은 실로 놀라울 정도로 크고 중요하다.

부드러운 확산광이 따뜻하게 감싸 안고, 차분한 색감이 평온함으로 우리를 감싸며, 세심하게 설계된 공간 배치가 편안함과 통제감을 불어넣는 공간을 상상해 보라. 이것이 바로 신경건축학이 가진 힘이다. 단순히 우리를 보호하는 것뿐만 아니라 우리의 마음과 감정을 키워주는 공간을 만들어 내는 것이다.

  기분, 집중력, 동기부여를 조절하는 신경전달물질인 세로토닌, 도파민, 노르에피네프린의 분비는 우리를 둘러싼 건축 요소들과 밀접하게 연관되어 있다. 이러한 신경전달물질은 행복한 감정을 느낄 때 분비가 더욱 촉진되는데, 예를 들어, 조명은 일주기 리듬을 조절하는 데 중요한 역할을 하는데, 이는 세로토닌과 멜라토닌과 같은 기분 조절 신경전달물질의 분비에 영향을 미친다. 자연광에 노출되면 세로토닌 수치가 높아져 기분이 좋아지고 스트레스가 줄어들지만, 일광 노출이 부족하면 체내 리듬이 깨져 정서적 고통을 겪을 수 있다.

  색채 또한 공간 디자인의 핵심 요소로, 신경전달물질을 매개로 다양한 감정 반응을 일으킬 수 있다. 예를 들어, 푸른색 계열은 평온함을 느끼게 하는 것으로 알려져 있으며, 세로토닌 분비 증가와 연관이 있다. 건축가와 디자이너들은 이완과 웰빙을 증진하는 색채 구성을 전략적으로 활용함으로써 정서적 균형과 정신 건강을 뒷받침하는 환경을 조성할 수 있다.

  공간의 레이아웃 역시 우리의 뇌 화학 작용에 큰 영향을 미칠 수 있다. 잘 설계된 공간 배치는 질서와 통제감을 제공함으로써 도파민과 노르에피네프린과 같은 신경전달물질에 의해 조절되는 스트레스를 감소시킬 수 있다. 성취감과 자율성을 증진하는 공간은 도파민 수치를 높여 동기와 집중력을 향상시키는 반면, 스트레스를 최소화하고 편안함을 도모하는 레이아웃은 노르에피네프린 수치를 낮추어 기분을 개선하고 불안을 감소시킬 수 있다.

| 건축 요소 | 세로토닌 | 도파민 | 노르에피네프린 |
|---|---|---|---|
| 조명 | +++ | ++ | + |
| 색채 | ++ | +++ | + |
| 레이아웃 | + | ++ | +++ |

건축요소에 따른 신경전달물질반응

주요 스트레스 호르몬인 코르티솔도 공간을 계획하고 설계하는데 매우 중요한 신경전달 물질이다. 코르티솔 수치가 높아지면 불안, 우울, 인지 장애 등 정신 건강에 다양한 부정적 영향을 미칠 수 있다. 조명, 소음, 공기 질, 혼잡도, 사회적 상호작용 등 여러 메커니즘을 통해 건축 환경이 코르티솔 수치에 영향을 줄 수 있다.

코르티솔 수치를 낮추고 정서적 건강을 증진하기 위해 자연 환경, 차분한 색채, 쾌적한 온도, 음향 쾌적성, 사회적 공간 등을 설계에 반영할 수 있다. 이완, 사회적 연결, 소속감을 촉진하는 공간을 조성함으로써 우리는 신경건축학의 힘을 활용하여 정신 건강과 전반적인 웰빙을 지원할 수 있다.

신경과학과 심리학의 원리를 건축 설계에 적용함으로써 우리는 주의력, 기억력, 문제 해결력, 전반적인 뇌 기능을 뒷받침하는 환경을 만들 수 있다. 풍부한 환경, 신경인지 설계, 가상현실 기술의 통합 등은 모두 학습, 생산성, 혁신을 증진하는 공간 창출에 기여할 수 있다.

신경건축학 분야가 계속 발전함에 따라 신기술과 학제 간 협력이 제시하는 도전과 기회를 다루는 것이 필수적이다. 신경건축학 연구의 비용과 접근성이 장벽이 될 수 있지만, 가상현실 등 다양한 도구를 활용하면 보다 실현 가능하고 경제적으로 연구를 수행할 수 있다. 과학적 이해와 실제 적용 간의 간극을 효과적으로 좁히기 위해서는 신경과학자, 심리학자, 건축가, 디자이너 간의 협력이 매우 중요하다.

이러한 인지 기능, 정서적 균형, 사회적 연결을 뒷받침하는 공간을 설계함으로써 우리는 창의성, 생산성, 혁신을 촉진하는 환경을 조성할 수 있다. 교육 기관에서 직장, 주거 공간에 이르기까지 신경건축학의 원리는 모든 연령과 배경의 사람들의 삶의 질을 높이는 데 적용될 수 있다.

뇌와 건축 환경 간의 복잡한 관계를 계속 밝혀 나감에 따라, 우리가 거주하는 공간이 정신 건강, 인지 수행, 전반적인 웰빙에 심오한 영향을 미친다는 사실이 분명해지고 있다. 신경건축학의 원리를 수용하고 우리의 마음과 감정을 키워주는 공간을 설계함으로써, 우리는 건축 환경이 단순한 보호 수단을 넘어 개인의 성장, 행복, 성공을 위한 촉매제로 기능하는 세상을 만들어 갈 수 있을 것이다.

우리가 일상적으로 경험하는 다양한 공간들이 우리의 뇌에 미치는 화학적 영향력을 인식하고, 그 원리를 적극 활용하여 더 나은 삶의 터전을 만들어 가는 것은 매우 중요하다. 신경건축학은 우리에게 건축 환경과 인간의 상호작용에 대한 새로운 통찰을 제공할 뿐만 아니라, 보다 건강하고 행복한 사회를 건설하기 위한 실천적 방안을 제시한다.

앞으로 신경건축학 분야의 발전과 함께 우리 사회 곳곳에서 사람들의 정신적, 신체적 건강을 고려한 공간 설계가 확산되기를 기대해 본다. 그러한 변화는 개인의 삶의 질 향상을 넘어 사회 전반의 긍정적 변화를 이끌어 낼 수 있을 것이다. 우리 모두가 신경건축학의 혜택을 누릴 수 있는 그날을 향해 한 걸음 한 걸음 나아가 보자.

## 뇌가 선호하는 색채와 재질의 비밀

　색채와 재료의 선택은 공간 디자인에서 중요한 역할을 한다. 뉴로아키텍처 Neuroarchitecture 관점에서 바라보면, 인간의 뇌는 특정 색상과 재질을 선호하며 이는 감정, 인지 기능, 그리고 전반적인 삶의 질에 큰 영향을 미친다. 색채는 디자이너의 강력한 도구로, 다양한 감정을 불러일으키고 기분과 행동에 영향을 준다. 따뜻한 색상인 빨강, 주황, 노랑은 뇌를 자극하여 세부 사항에 대한 주의력, 창의력, 정신적 민첩성을 높이는 반면, 과도한 사용은 불안과 초조함을 유발할 수 있다. 차가운 색상인 파랑, 초록, 보라는 평온함, 이완, 인지 능력 향상을 촉진하는 진정 효과가 있다. 회색, 베이지, 흰색 등의 중성색은 다목적 배경을 제공하여 적응력을 높이고 균형과 명확성을 부여한다.

색채 심리학을 공간 디자인에 전략적으로 적용하는 것은 사용자의 특정 요구와 활동을 지원하는 환경을 조성하는 데 필수적이다. 휴식 공간에는 진정 효과가 있는 색상을, 활동 구역에는 자극적인 색상을 사용함으로써 디자이너는 역동적이고 목적 지향적인 공간을 만들어 개인과 공명하고 전반적인 경험을 향상시킬 수 있다. 단색 또는 보색 등의 색상 배합을 선택하면 조화를 이루고 통일된 모습을 연출할 수 있다.

색채 외에도 바이오필릭 디자인 Biophilic Design을 통해 자연 재료와 요소를 도입하는 것은 정신 건강과 뇌 건강에 깊은 영향을 미칠 수 있다. 목재, 석재, 대나무 같은 소재는 시각적 효과와 후각적 쾌적함을 개선할

뿐만 아니라 창의력을 높이고 면역 체계를 강화한다. 실내 식물, 자연광, 유기적 패턴 등의 바이오필릭 디자인 요소는 스트레스를 줄이고, 기분을 개선하며, 생산성을 높일 수 있다. 다양한 활동과 기분에 맞게 적응하는 유연한 공간을 조성함으로써 디자이너는 공간의 편안함을 높이고 인지 기능, 신체 건강, 심리적 웰빙을 지원할 수 있다. 질감과 패턴 또한 우리가 공간을 인식하고 상호작용하는 방식에 중요한 역할을 한다. 뇌는 이러한 요소를 다양한 방식으로 처리하여 사용자 경험에 영향을 미친다. 질감은 시각적 깊이와 복잡성을 더해 복잡한 그림자를 만들어내고 공간의 시각적 흥미를 높인다. 패턴의 방향과 밀도는 실내 공간 인식에 상당한 영향을 미치는데, 세로 패턴은 방을 더 높게 느끼게 하고 가로 패턴은 더 넓게 느끼게 한다. 질감과 재료의 선택은 방의 인지된 공간감에도 영향을 미칠 수 있으며, 질감이 있는 벽은 유사한 크기의 무늬가 없는 벽보다 공간이 좁게 느껴지는 경우가 많다.

색채, 질감, 패턴에 의해 유발되는 감정적 반응은 건축 디자인에서 중요한 고려 사항이다. 다양한 색상은 에너지, 평온함, 즐거움 등 뚜렷한 감정을 불러일으킬 수 있고, 줄무늬, 꽃무늬, 기하학적 무늬 등 다양한 패턴 유형은 공간에 시각적 흥미를 더할 수 있다. 그러나 사용자가 압도되지 않도록 이러한 패턴을 관리하는 것이 중요하며, 공간의 크기와 색상의 대비 또한 패턴 인식에 영향을 미친다.

건축가와 디자이너는 질감, 패턴, 색상의 균형을 신중하게 맞추어 원하는 사용자 경험과 감정적 반응을 달성하는 통일되고 매력적인 공간을 만들어야 한다. 뇌가 이러한 요소를 어떻게 처리하는지 이해하고 디자인에 적용함으로써, 우리는 단순히 미적으로 만족스러울 뿐만 아니라 기능적으로도 효과적인 환경을 만들 수 있으며, 이는 사용자의 특정한 요구와 활동을 지원한다.

뇌가 선호하는 색채와 재료의 비밀은 감정, 인지 기능, 전반적인 웰빙에 미치는 깊은 영향에 있다. 색채 심리학, 바이오필릭 디자인, 그리고 질감과 패턴의 전략적 사용의 힘을 활용함으로써, 우리는 개인과 공명하고 경험을 향상시키며 궁극적으로 행복과 건강에 기여하는 공간을 만들 수 있다. 우리는 이러한 원칙을 이해하고 적용하여, 단순히 아름답게 보일 뿐만 아니라 사용자의 정신적, 육체적 웰빙을 지원하는 환경을 조성할 책임이 있다. 뉴로아키텍처의 관점과 뇌가 선호하는 공간 디자인 요소를 수용함으로써, 우리는 건축 환경이 우리의 삶에 긍정적인 영향을 미치고 우리의 존재를 진정으로 풍요롭게 하는 공간을 창조할 잠재력을 열어줄 수 있다.

## 공간, 기억, 그리고 감정의 트라이앵글

 스쳐 지나가는 향기, 익숙한 멜로디, 오랜 시간 잊혀졌던 사진 한 장이 우리를 특정 시간으로 데려가 생생한 기억과 강렬한 감정을 불러일으킨다. 그러나 이러한 놀라운 힘을 가진 것은 단순히 감각적 단서만이 아니다. 우리가 머무르고 탐색하는 공간과 환경은 우리의 마음에 지울 수 없는 흔적을 남기며, 우리의 경험, 기억, 그리고 궁극적으로는 자아감을 형성한다.

 도시 경관을 정의하는 웅장하고 경외감을 불러일으키는 구조물부터 우리가 집이라 부르는 친밀하고 개인적인 공간에 이르기까지, 우리 주변의 물리적 세계는 인지적, 정서적으로 중요한 역할을 한다. 바로 이 공간,

기억, 감정 사이의 복잡한 상호작용이 뇌와 건축 환경 사이의 관계를 해명하고자 하는 분야인 신경건축학 neuroarchitecture 의 토대를 이룬다.

이 관계의 핵심에는 인지 지도 cognitive mapping 개념, 즉 우리가 탐색하는 공간에 대한 정신적 표상을 만드는 뇌의 놀라운 능력이 자리 잡고 있다. 이러한 인지 지도는 부호화 encoding 와 인출 retrieval 의 역동적인 과정을 통해 형성되며, 복잡한 환경 내에서 자신의 위치를 파악하고, 한 장소에서 다른 장소로 길을 찾으며, 주변 환경의 변화에 적응할 수 있게 해준다. 그러나 인지 지도는 단순히 길 찾기를 위한 도구 이상의 의미를 지닌다. 그것은 우리의 공간 기억, 즉 특정 장소에서의 경험을 회상하고 다시 경험할 수 있게 해주는 서술 기억 declarative memory 의 근본적인 측면이다.

공간 기억의 형성과 인출은 뇌의 다양한 영역, 특히 해마 형성 hippocampal formation 과 내측 측두엽 medial temporal lobe, MTL 사이의 복잡한 상호작용을 수반한다. 이러한 구조는 특정 공간 및 위치와 관련된 기억을 포함하여 서술 기억의 부호화와 통합에 중요한 역할을 한다. 후두정엽피질 posterior parietal cortex, PPC 로부터의 고유수용성 정보와 함께 시각, 청각, 체성감각 신호로부터의 감각 입력을 통합함으로써, 뇌는 우리가 마주하는 환경에 대한 풍부하고 다감각적인 표상을 만들어낸다.

그러나 뇌의 공간 표상은 정적이지 않다. 그것은 우리의 경험, 감정, 목표에 의해 형성되는 역동적이고 끊임없이 진화하는 구성체이다. 예를 들어, 특정 장소의 정서적 중요성은 그곳과 연관된 기억의 강도와 지속성에 큰 영향을 미칠 수 있다. 이러한 현상은 정서 강화 효과 emotional enhancement effect 로 알려져 있으며, 감정이 고조되는 경험 동안 편도체 amygdala 의 활성화에 의해 매개되어 생생하고 오래 지속되는 기억을 형성하게 된다.

감정과 기억의 상호작용은 공간에서의 정서적 공명 emotional resonance 현상에서도 중요한 역할을 한다. 중요한 사건이나 경험이 발생한 장소를 다시 방문할 때, 그 기억의 정서적 내용이 재활성화되어 강력한 감정 반응을 일으킬 수 있다. 이러한 정서적 공명은 공간과 관련된 감각적 단서(특정한 냄새나 소리 등)부터 장소의 문화적, 사회적 중요성에 이르기까지 다양한 요인에 의해 촉발될 수 있다.

공간에서의 정서적 공명의 힘은 장소 애착 place attachment 이라는 개념에서 특히 두드러진다. 장소 애착은 개인이 특정 장소와 형성하는 정서적 유대감으로, 종종 긍정적인 기억과 경험에 뿌리를 두고 있다. 이러한 유대감은 소속감, 전반적인 행복감에 깊은 영향을 미칠 수 있다. 실제로 연구에 따르면 강한 장소 애착을 가진 사람들은 더 높은 수준의 삶의 만족도, 사회적 연결성, 전반적인 행복감을 보고하는 경향이 있다.

그러나 건축 환경이 인지적, 정서적 안녕에 미치는 영향은 기억의 형성과 인출을 넘어선다. 우리가 거주하는 공간의 디자인은 우리의 기분, 행동, 전반적인 안녕감에 직접적인 영향을 미칠 수 있다. 바로 이 지점에서 신경건축학이 그 역할을 하며, 인간의 인지와 감정에 최적화된 환경을 조성하고자 한다.

신경건축학의 핵심 원칙 중 하나는 생태 친화적 디자인 biophilic design 개념으로, 자연요소를 건축 환경에 통합하고자 한다. 연구에 따르면 식물, 수경시설, 자연광 등 자연요소에 노출되면 인지 기능, 정서, 심지어 신체 건강에도 긍정적인 영향을 미칠 수 있다. 생태 친화적 요소를 우선시하는 공간을 설계함으로써 건축가들은 휴식을 촉진하고 스트레스를 줄이며 전반적인 안녕감을 높이는 환경을 조성할 수 있다.

또 다른 중요한 측면은 사회적 상호작용과 협업을 촉진하기 위한 공간 구성의 활용이다. 공간의 배치, 가구의 배치, 조명과 음향의 사용은 모두 주어진 환경 내에서 사람들이 상호작용하고 소통하는 방식에 상당한 영향을 미칠 수 있다. 사회적 상호작용과 협업을 장려하는 공간을 설계함으로써 건축가들은 정서적 안녕에 필수적인 공동체 의식과 소속감을 키워나갈 수 있다.

그러나 아마도 신경건축학의 가장 강력한 측면은 진정으로 기억에 남을 만한 공간, 우리의 마음과 가슴에 지속적인 인상을 남기는 공간을 만들어낼 수 있는 능력일 것이다. 이는 장소 만들기 placemaking 라는 개념으로 연결되는데, 장소 만들기는 단순히 기능적이고 미적으로 아름다울 뿐만 아니라 정서적으로 공명하고 개인적으로 의미 있는 공간을 만드는 예술이다.

장소 만들기는 주어진 장소의 문화적, 사회적, 역사적 맥락에 대한 깊은 이해와 함께, 그곳에 거주할 사람들의 필요와 욕구에 대한 통찰을 필요로 한다. 커뮤니티와 소통하고, 지역의 전통과 관습에서 영감을 얻으며, 장소의 고유한 정체성을 반영하는 요소를 통합함으로써 진정으로 정통성 있고 기억에 남을 만한 공간을 만들어낼 수 있다.

결론적으로, 공간, 기억, 감정의 삼각관계는 우리의 인지적, 정서적 안녕에 심오한 영향을 미치는 매혹적이고 복잡한 현상이다. 이 세 요소 사이의 복잡한 상호작용을 이해함으로써 단순히 기능적이고 미적으로 아름다울 뿐만 아니라 정서적으로 공명하고 개인적으로 의미 있는 환경을 만들어낼 수 있다.

  신경건축학의 비밀을 계속 밝혀나가면서, 우리는 진정으로 우리의 삶을 향상시키는 공간, 우리에게 영감을 주고, 위안을 주며, 우리를 둘러싼 세계와 연결해주는 공간을 만들 기회를 갖게 된다. 우리의 뇌를 염두에 두고 설계함으로써, 우리는 지속 가능하고 효율적일 뿐만 아니라 깊이 인간적이며, 인간 정신의 놀라운 힘과 우리가 집이라 부르는 공간의 영속적인 중요성을 증명하는 건축 환경을 만들어낼 수 있다.

# 2 오감으로 느끼는 공간의 언어

## 오감으로 느끼는 공간의 언어

우리는 공간과 끊임없이 소통하며 살아간다. 공간은 단순히 물리적인 실체를 넘어, 우리의 오감을 통해 인식되는 살아있는 언어이다. 빛의 섬세한 어루만짐, 주변 소리의 편안한 멜로디, 질감의 따뜻한 초대, 그리고 향기의 유혹적인 춤사위까지. 공간은 우리의 모든 감각을 자극하며, 우리를 그 이야기의 능동적인 참여자로 이끈다.

시각적 경관은 감각적 디자인의 서막을 알리는 중요한 요소이다. 빛은 공간을 조각하고, 시선을 유도하며, 감정을 자아내는 지휘자와 같다. 부드러운 커튼을 통해 은은히 투과되는 자연광이든, 인공조명에 의해 연출되는 극적인 명암의 조화이든, 빛은 공간을 감정의 색채로 물들일 수 있는 힘을 지니고 있다. 빛과 함께 하는 색채는 우리의 심리에 직접적으로 작용한다. 토코트 브라운Terracotta Brown과 오커Ochre의 따뜻하고 대지의 색은 편안함과 안정감의 울타리를 제공하는 반면, 블루와 그린의 시원하고 차분한 색조는 우리를 평온과 고요의 세계로 인도한다.

소리 또한 공간 경험에서 간과되어서는 안 될 중요한 요소이다. 공간을 거닐며 우리와 동행하는 사운드트랙이자, 우리의 정서와 인식에 영향을 미치는 존재이기 때문이다. 물소리의 조용한 속삭임은 마음의 평온을 선사하고, 활기찬 카페의 낭랑한 대화 소리는 생동감과 활력을 불어넣는다. 음향 환경을 적절히 조절함으로써, 우리는 보다 즐겁고 조화로운 공간 경험을 만들어낼 수 있다.

촉각은 공간 디자인에서 종종 간과되는 감각이지만, 우리가 공간을 경험하는 데 있어 결정적인 역할을 한다. 매끄러운 대리석 바닥의 감촉부터 거친 질감의 벽면에 이르기까지, 공간의 촉각적 특성은 강렬한 감정과 기억을 불러일으킨다. 질감은 공간에 시각적 흥미와 깊이를 더해주고, 동선을 유도하거나 위계를 만드는 데 활용될 수 있다. 나아가 공간의 온도와 습도 또한 우리의 촉각적 경험에 영향을 미친다. 너무 춥거나 습한 공간은 불편하고 불쾌한 반면, 쾌적한 온도와 습도는 편안함과 쾌적감을 선사한다.

 향기는 감각적 디자인의 보이지 않는 언어로, 강렬한 감정과 기억을 불러일으키는 힘을 지니고 있다. 의식적인 사고를 거치지 않고 변연계에 직접 작용하며, 우리의 가장 깊은 연상과 경험을 자극한다. 상쾌하고 깨끗한 시트러스 계열의 향은 활력을 불어넣고, 따뜻하고 스파이시한 계피 향은 아늑함과 포근함을 연출한다. 식물과 꽃을 통해 자연의 향기를 공간에 불어넣거나, 에센셜 오일과 아로마테라피를 활용해 특별한 감각적 경험을 만들어낼 수 있다.

 맛은 공간 디자인에서 고려해야 할 감각으로 보이지 않을 수 있지만, 우리가 공간을 경험하는 데 일정 부분 기여한다. 음식과 음료의 존재는 따뜻함과 환대의 분위기를 조성하고, 사회적 교류를 촉진하며 공동체 의식을 높인다. 레스토랑, 카페, 주방 등 음식을 다루는 공간의 디자인은 맛에 대한 우리의 인식에 영향을 미칠 수 있다. 식욕을 자극하는 따뜻한 색채나, 식욕을 가라앉히는 시원한 색채의 사용, 그리고 좌석 배치와 식기 디자인은 모두 음식을 즐기는 경험을 보다 즐겁고 만족스럽게 만드는 요소들이다.

 결론적으로, 공간의 언어는 우리의 감각적 경험이 엮어내는 풍부하고 복합적인 태피스트리와 같다. 공간 디자인에 있어 오감을 총동원함으로써, 우리는 단순히 물리적으로 기능적인 환경을 넘어, 감성적으로 공명하고 심리적으로 충만한 공간을 창조해낼 수 있다. 감각적 디자인의 교향곡은 우리를 공간 경험의 능동적인 참여자로 초대한다. 공간은 더 이상 수동적인 배경이 아닌, 우리 삶의 이야기 속에서 역동적이고 매력적인 주인공으로 다가온다. 공간의 언어를 이해하고 구사함으로써, 우리는 아름답고 기능적일 뿐 아니라 깊이 있는 의미를 지니고 변화를 이끄는 환경을 만들어낼 수 있다. 우리를 둘러싼 공간이 우리에게 속삭이는 이야기에 귀 기울여보자. 그리고 우리 자신의 이야기를 공간에 새겨넣으며, 삶의 다채로운 향연을 만끽해보자.

## 시각이 지배하는 공간 경험의 세계

시각에 의해 지배되는 공간 경험의 세계에서 조명과 색채가 우리의 뇌에 미치는 영향은 주변 환경에 대한 인식과 반응을 결정하는 데 중추적인 역할을 한다. 이는 건축 환경 내에서 우리의 감정 상태를 형성하고 행동에 영향을 미치기 때문이다. 이번 장에서는 조명, 색채, 그리고 뇌 사이의 복잡한 관계를 탐구하고, 행복과 건강, 웰빙을 증진하는 공간을 창조하기 위해 활용할 수 있는 신경건축학 neuroarchitecture 의 비밀을 밝혀내고자 한다.

빛은 시각의 본질이며, 그 품질과 양은 공간에 대한 우리의 인식에 심오한 영향을 미칠 수 있다. 조명의 밝기, 색온도, 방향성은 모두 주변 환경에 대한 시각적 처리에 기여하며, 다양한 감정적 반응을 불러일으킬 수 있다. 밝고 잘 조명된 공간은 시각적 선명도를 높이고 사물을 더욱 구별할 수 있게 하는 반면, 어두운 환경은 친밀감을 조성하고 촉각이나 청각과 같은 다른 감각에 의존하게 만든다. 조명의 색온도 또한 공간의 분위기를 형성하는 데 중요한 역할을 하는데, 따뜻한 황색-주황색 계열은 아늑하고 초대하는 분위기를 연출하고, 차가운 청백색 계열은 더 활기차고 경계심을 불러일으키는 정신 상태를 유발한다.

그러나 조명만이 우리의 공간 경험에 영향을 미치는 시각적 요소는 아니다. 색채 역시 주변 환경에 대한 인식과 반응을 결정하는 데 동등한 중요성을 지닌다. 서로 다른 색 조합은 뚜렷한 심리적, 감정적 반응을 불러일으킬 수 있어, 색채는 건축가와 디자이너의 손에 강력한 도구가 된다. 빨강, 주황, 노랑과 같은 따뜻한 색은 흔히 에너지, 자극, 즐거움과 연관되어 카페나 혁신적인 업무 공간과 같이 활기차고 매력적인 분위기를 조성하고자 하는 공간에 이상적이다. 반면 파랑, 초록, 보라와 같은 차가운 색은 진정과 평온함으로 잘 알려져 있어 이완과 평온함을 불러일으키는 감정을 자아낸다. 이러한 색들은 병원이나 휴식 센터와 같이 건강과 웰빙과 관련된 공간에 자주 사용된다.

특정 공간을 위한 색채를 선택할 때 맥락이 중요하다. 공간의 목적과 기능이 사용자에게 미치고자 하는 감정적, 심리적 영향을 고려하여 색 조합을 선택해야 한다. 조명 조건 또한 색채가 인지되는 방식에 중대한 역할을 하므로, 디자이너는 서로 다른 조명 설정이 선택된 색의 외관과 영향에 어떤 변화를 줄 것인지 고려해야 한다. 균형과 조화는 통일되고 편안한 환경을 조성하는 데 필수적이며, 이는 서로 보완하는 색을 조합하고 색 조합의 시각적 효과를 고려함으로써 달성될 수 있다.

우리는 사용자의 삶에 긍정적인 영향을 미치는 환경을 만들어야 할 깊은 책임이 있다. 세계가 점점 더 도시화되고 사람들이 건축 환경에서 보내는 시간이 늘어남에 따라, 웰빙과 기능성을 증진하는 공간을 설계하는 것은 그 어느 때보다 중요해졌다. 이를 효과적으로 수행하기 위해서는 색채 심리학과 색채가 공간에 대한 우리의 인식과 경험에 미치는 영향에 대한 깊은 이해가 필요하다. 색채는 단순히 장식적인 요소가 아니라 거주자의 삶을 고양시키고, 위로하며, 향상시키는 공간을 만들어내는 데 활용될 수 있는 강력한 도구임을 인식해야 한다.

그러나 뇌를 위해 시각적으로 자극적인 공간을 만드는 것은 색채에 관한 것만이 아니다. 시각적 복잡성, 대비, 패턴의 원리를 이해하는 것 또한 중요하다. 인간의 뇌는 시각적 자극을 추구하고 반응하도록 연결되어 있지만, 너무 많거나 너무 적은 복잡성은 기분과 인지 수행에 부정적인 영향을 미칠 수 있다. 핵심은 균형을 찾는 것으로, 뇌를 압도하지 않으면서도 매력을 느낄 수 있는 적절한 수준의 시각적 복잡성을 목표로 해야 한다. 이는 시각적 요소를 주의 깊게 구성하고, 질서와 통일성을 창출하는 대칭과 조화를 통합함으로써 달성될 수 있다.

대비 또한 시각적으로 매력적인 공간을 만드는 데 중요한 요소이다. 고대비는 자극적이고 주의를 끌 수 있지만, 과도한 대비는 압도적이고 시각적으로 피로감을 줄 수 있다. 디자이너는 감각을 과부하시키지 않으면서 시각적 흥미를 불러일으키기 위해 색 대비를 효과적으로 사용하여 균형을 잡아야 한다. 마찬가지로 패턴은 공간에 다양성과 시각적 흥미를 더하는 데 사용될 수 있지만, 단조로움이나 시각적 혼란을 피하기 위해 주의를 기울여야 한다. 다양한 패턴, 질감, 형태를 통합하고 반복을 전략적으로 사용하면 복잡한 환경조차도 뇌가 더 쉽게 처리할 수 있는 시각적 유창함을 만들어낼 수 있다.

뇌와 건축 환경 사이의 관계에 대한 이해가 지속적으로 확장됨에 따라, 우리의 공간 경험을 형성하는 데 있어 건축가와 디자이너의 역할이 그 어느 때보다 중요해졌다는 것은 분명하다. 빛, 색채, 시각적 복잡성의 힘을 활용함으로써 우리는 기능적 요구사항을 충족시킬 뿐만 아니라 행복과 건강, 웰빙을 증진하는 공간을 만들어낼 수 있다. 뇌에 대한

색채와 빛의 조화를 통해 다양한 분위기를 연출하는 실내공간 사례

이러한 시각적 요소들의 효과에 관한 지속적인 연구를 통해 우리는 신경건축학의 위상과 이해를 계속해서 높일 수 있으며, 이 지식을 활용하여 인간 경험을 진정으로 향상시키는 환경을 설계할 수 있다.

우리가 건축 환경에서 점점 더 많은 시간을 보내는 세상에서 인지적, 정서적, 신체적 건강을 지원하는 공간을 만드는 것의 중요성은 아무리 강조해도 지나치지 않다. 우리는 우리를 둘러싼 세계를 형성할 힘과 책임이 있으며, 신경건축학의 원리를 활용하여 인간 정신에 영감을 주고, 위안을 제공하며, 고양시키는 환경을 만들어낼 수 있다. 조명과 색채, 그리고 뇌 사이의 복잡한 상호작용을 이해함으로써 우리는 그 안에 거주하는 사람들의 삶에 지속적인 영향을 미치는 진정으로 변혁적인 공간을 창조하는 비결을 풀어낼 수 있다. 건축의 미래는 신경과학과 디자인의 교차점에 있으며, 이 지식을 받아들이고 모두를 위해 더 나은, 더 밝은 세상을 건설하는 데 사용하는 것은 우리에게 달려 있다.

## 귀로 읽는 공간의 메시지

건축 환경에서 소리가 우리의 심리와 정서에 미치는 영향력은 종종 과소평가된다. 그러나 소리는 우리의 공간 경험을 형성하는 데 결정적인 역할을 한다. 조용한 안뜰에서 들려오는 잎사귀의 부드러운 바스락거림부터 붐비는 도심 거리의 혼란스러운 불협화음에 이르기까지, 우리를 둘러싼 청각적 풍경은 의식적으로나 무의식적으로 다양한 반응을 불러일으킬 수 있는 힘을 가지고 있다.

소리가 가지고 있는 힘은 우리가 어떻게 조절하느냐에 따라 우리의 정신을 건강하게도 만들고, 아프게도 만든다. 다양한 소리 환경의 심리적 효과를 이해함으로써 우리는 집중력, 휴식, 전반적인 행복감을 증진하는 공간을 디자인할 수 있다.

 소리의 가장 흥미로운 측면 중 하나는 시간과 공간에 대한 우리의 인식에 영향을 미칠 수 있다는 점이다. 서식스 대학교의 연구진이 수행한 연구에 따르면, 참가자들이 새소리와 흐르는 물소리 같은 자연의 소리를 들었을 때 시간이 더 느리게 흘러가는 것으로 인식했다. 반면 도심 소음에 노출된 참가자들은 주어진 시간이 더 빠르게 지나가는 것으로 느꼈다. 이러한 연구 결과는 자연의 소리 요소를 도입하여 공간이 더 넓고 평화로워 보이게 설계할 수 있는 가능성을 보여준다.

 또한 소리 환경 내의 특정 주파수가 인지 능력에 심오한 영향을 미칠 수 있다. 화이트 노이즈는 주의력 결핍 장애가 있는 사람들의 기억력을 향상시키고 집중력을 개선하는 것으로 나타났다. 화이트 노이즈 발생기나 이와 유사한 효과를 내는 흡음 패널을 전략적으로 설치하면 생산성과 집중력을 높이는 업무 공간과 학습 공간을 설계할 수 있다.

 인지적 이점 외에도 소리는 건축 환경 내에서 사회적 유대감과 공동체 의식을 함양하는 데 중요한 역할을 할 수 있다. 아늑한 카페에서 들리는 대화의 부드러운 웅얼거림이나 놀이터에서 아이들의 활기찬 재잘거림은 따뜻함과 소속감을 자아내는 분위기를 형성한다. 흡음 재료와 신중하게 배치된 음향 반사체 등 적절한 음향 특성을 고려하여 공간을 설계함으로써 과도한 소음의 부정적 영향을 최소화하면서 사회적 상호작용을 장려할 수 있다.

그러나 소리의 심리적 효과는 단순히 소리의 존재에만 국한되지 않는다. 소리의 부재 또는 그 강도를 주의 깊게 조절하는 것 역시 정서 상태를 형성하는 데 강력한 영향을 미칠 수 있다. 교회나 사찰 같은 성스러운 공간에서는 침묵과 미묘한 잔향을 활용하여 경외심과 영적 연결감을 불러일으킬 수 있다. 전문가는 이러한 공간의 음향 특성을 조작하여 내성과 자기인식을 고취하는 환경을 조성할 수 있다.

소리를 풍경으로 인식하고, 자연음이나 인공음을 제어하여 조성한 소리환경인 사운드스케이프 디자인 분야에 대한 관심이 점점 커지고 있다. 공원이나 보행로 같은 공공 공간의 청각적 경험을 세심하게 구성함으로써 도시 생활의 혼잡함 속에서 평온의 오아시스를 만들어낼 수 있다. 흐르는 물과 바스락거리는 나뭇잎 같은 자연의 소리 요소를 도입하면 도시 생활의 스트레스로부터 절실히 필요한 휴식을 제공할 수 있다.

우리가 현대 세계의 복잡성을 헤쳐나감에 따라 소리가 심리적 안녕에 미치는 역할이 그 어느 때보다 중요해졌다. 청각 환경이 감정과 인지 기능에 미치는 심오한 영향을 인식함으로써 건축가는 우리를 외부 환경으로부터 보호할 뿐만 아니라 마음과 영혼을 함양하는 공간을 만들 수 있다. 소리를 사려 깊게 조작하는 것을 통해 우리는 행복을 증진하고, 사회적 유대감을 키우며, 우리를 둘러싼 세계와의 조화에 대한 더 깊은 감각을 고취하는 환경을 설계할 수 있는 힘을 갖게 된다.

시각적 자극이 점점 우세해지는 세상에서 우리의 일상에 미치는 소리의 미묘하지만 강력한 영향력을 간과하기 쉽다. 그러나 소리의 심리적 효과를 수용하고 이를 설계에 반영함으로써 기능적 요구 사항을 충족할 뿐만 아니라 인간 정신을 함양하는 공간을 만들어낼 수 있다.

건축 환경과 인간 두뇌 사이의 관계를 탐구하는 신경건축학 neuroarchitecture 분야는 경험 형성에 있어 소리의 중요성에 대한 새로운 통찰을 제공한다. 연구에 따르면 새소리나 물 흐르는 소리 같은 자연의 소리에 노출되면 스트레스 수준이 감소하고 편안함이 증진된다. 반면 도심 소음 공해에 장기간 노출되면 불안, 우울, 수면 장애 발생률이 높아지는 것으로 나타났다.

이러한 지식을 바탕으로 건축가는 소리의 힘을 활용하여 시각적으로 멋질 뿐만 아니라 정서적으로 보살피는 환경을 설계할 수 있다. 분수와 녹색 벽 같은 자연의 소리 요소를 설계에 도입함으로써 현대 생활의 스트레스로부터 절실히 필요한 휴식을 제공하는 평온의 오아시스를 만들 수 있다.

정서적 안녕에 대한 영향력 외에도 소리는 인지 능력 형성에 핵심적인 역할을 할 수 있다. 연구에 따르면 커피숍에서 들리는 대화의 부드러운 웅얼거림 같은 특정 종류의 백그라운드 노이즈는 창의력과 문제 해결 능력을 실제로 향상시킬 수 있다. 흡음 재료와 신중하게 배치된 음향 반사체 등 적절한 음향 특성을 고려하여 공간을 설계하면 혁신과 협업을 촉진하는 환경을 조성할 수 있다.

그러나 소리의 심리적 효과는 업무와 생산성의 영역에만 국한되지 않는다. 의료 시설의 맥락에서 소리를 주의 깊게 조작하는 것은 환자의 치료 결과에 심오한 영향을 미칠 수 있다. 연구에 따르면 부드러운 음악이나 자연 녹음 같은 소리에 노출되면 통증 인지가 감소하고 회복 시간이 빨라진다. 건축가는 이러한 고려 사항을 염두에 두고 의료 공간을 설계함으로써 치유를 촉진할 뿐만 아니라 환자와 가족에게 안락함과 안전의 느낌을 제공하는 환경을 만들어낼 수 있다.

미래를 내다보면 건축 환경 형성에 있어 소리의 역할은 그 중요성이 계속 커질 것이다. 몰입형 오디오 시스템이나 스마트 음향 같은 신기술이 등장함에 따라 건축가는 시각적으로 멋질 뿐만 아니라 정서적으로 공명하는 공간을 만들어내기 위한 더 강력한 도구를 갖게 될 것이다. 소리의 심리적 효과를 수용하고 이를 설계에 반영함으로써 우리는 단순히 외부 환경으로부터 우리를 보호할 뿐만 아니라 마음과 영혼을 함양하는 건축 환경을 만들어낼 수 있다.

물리적인 것과 디지털이 점점 더 모호해지는 세상에서 경험과 감정을 형성하는 소리의 힘은 그 어느 때보다 중요하다. 우리는 이러한 힘을 활용하여 우리에게 영감을 주고, 치유하며, 우리를 둘러싼 세계와 연결해주는 공간을 만들어낼 수 있는 독특한 기회를 갖고 있다. 귀로 공간의 메시지에 귀 기울임으로써 우리는 신경건축학의 비밀을 풀고 인간 경험과 진정으로 공명하는 건축 환경을 설계할 수 있다.

## 코로 맡는 공간의 향기

코를 통해 공간의 향기를 맡는다는 것은 건축 디자인에서 놓치기 쉬운 부분이다. 시각에 비해 후각은 종종 간과되지만, 공간에 대한 우리의 감정적 반응을 형성하는 데 중요한 역할을 한다. 건축가들은 후각을 효과적으로 활용하여 매력적이고 효과적인 환경을 만들어낼 수 있다.

건축 디자인에서 향기가 미치는 심리적 영향은 매우 크다. 냄새는 기억과 밀접한 관련이 있어 강한 감정적 반응을 불러일으키고 환경과의 연결 감각을 형성할 수 있다. 특정 향기를 공간에 도입함으로써 원하는 감정적 반응을 유도하고 인간의 행동을 형성할 수 있다. 예를 들어, 카지노에서는 도박을 장려하고 사람들을 다른 구역으로 유도하기 위해 전략적으로 향기를 사용한다. 또한 라벤더 향은 편안함과 따뜻함을, 오렌지 향은 밝기와 높이에 대한 인식을 향상시키는 등 향기는 공간 인식을 변화시킬 수 있다.

심리적 영역을 넘어 향기는 심박수와 혈압 변화와 같은 생리적 반응을 유발할 수 있어, 편안하고 매력적인 환경을 조성하는 데 유용한 도구가 된다. 조화로운 색상과 향기의 조합은 심지어 감정 처리와 관련된 안와전두엽 영역의 뇌 활동에 영향을 미칠 수 있다는 연구 결과도 있다.

건축에서 향기의 활용 분야는 다양하다. 향기 건축 분야에서 향수를 사용하여 장소감을 만들고 특히 호텔이나 카지노 같은 상업 공간에서 사용자 만족도를 높인다. 또한 향기는 역사적 보존에서 공간의 원래 감각 경험을 재현하여 과거와 더 강한 정서적 연결을 불러일으키는 데 사용될 수 있다. 가정 공간에서도 의도적인 향기를 도입하면 편안함과 안락함을 느끼게 하는 등 긍정적인 심리적 효과를 얻을 수 있다.

인테리어 디자인에서 향기를 효과적으로 활용하기 위해 자연적 방법과 인공적 방법을 모두 사용할 수 있다. 자연적 전략으로는 라벤더, 민트, 장미 등 향기 나는 식물을 디자인에 통합하여 자연스러운 냄새 경관을 만드는 것이 있다. 식물에서 추출한 에센셜 오일을 다양한 방법으로 확산시켜 공간 전체에 고르게 향기를 퍼뜨릴 수도 있다. 인공적 방법으로는 고급 확산 기술을 사용하여 맞춤형 향수를 만들거나, 브랜드 정체성과 가치에 부합하는 독특하고 독점적인 향수를 개발하고, 향기 나는 목재나 페인트와 같은 향기 나는 재료를 디자인에 통합하는 것 등이 있다.

후각적 경관을 조성할 때는 선택한 향수가 색상 구성이나 가구 등 시각적 디자인 요소와 조화를 이루어 통합적이고 몰입감 있는 경험을 만드는 것이 중요하다. 향수는 특정 감정과 분위기를 불러일으키도록 선택되어야 하며, 공간의 서로 다른 영역에서 뚜렷한 정서적 풍경을 만들어야 한다. 향수를 선택할 때는 공간의 맥락과 목적도 고려해야 한다. 예를 들어, 부엌에는 오렌지와 같은 상쾌한 향기가 적합하고, 침실에는 라벤더와 같은 진정 효과가 있는 향기가 더 적절하다.

향기의 전략적 사용 외에도 건강하고 쾌적한 후각 경험을 위해 최적의 공기 질과 환기를 갖춘 공간을 설계하는 것이 필수적이다. 기계식 및 자연 환기 시스템은 공기 질 유지에 중요한 역할을 한다. 기계 환기 시스템은 자동 또는 수동으로 제어될 수 있으며, 최적의 성능을 위해서는 정기적인 유지보수가 필수적이다. 자연 환기는 자연과의 접촉을 통해 심리적 이점을 제공하지만, 실외 공기 및 소음 오염이 심하거나 온도 차이가 큰 곳에서는 신뢰할 수 없고 충분하지 않을 수 있다. 자연 환기와 기계 환기 요소를 모두 통합한 하이브리드 시스템은 공기 질에 대한 균형 잡힌 접근 방식을 제공한다.

공기 정화는 건강한 후각 환경을 조성하는 또 다른 핵심 요소이다. 건물로 들어오는 공기를 필터링하여 미세먼지를 제거하고, 포름알데히드와 같은 유해 화학 물질을 흡수하는 공기 정화 제품을 사용하면 실내 공기 질을 크게 개선할 수 있다. 냄새 관리 또한 중요한데, 냄새 배출계수OEF의 개발은 실내 인간 활동으로 인한 냄새 배출량을 평가하고 예측하는 데 도움을 주어 효과적인 환기 시스템 설계에 기여한다.

건물 설계 자체도 건강한 후각 경험에 기여할 수 있다. VOC(휘발성 유기 화합물)와 기타 오염물질을 최소화하기 위해 비오염 재료와 장비를 사용하고, 이산화탄소와 기타 유해 화학물질을 걸러내면서 생물친화적 접근을 통해 정신적, 신체적 웰빙을 증진시키는 그린 월이나 실내 식재 공간과 같은 녹지 공간을 통합하는 것이 그 예이다.

실내 공기 질의 정기적인 모니터링과 유지보수는 건강한 후각 환경 유지에 필수적이다. 이산화탄소 수치가 권장 기준 이하로 유지되는지 모니터링하고, 공기 필터 교체를 포함한 환기 시스템을 정기적으로 점검 및 유지보수하는 것이 최적의 성능을 위해 중요하다.

결론적으로, 건축 디자인에서 향기의 힘을 과소평가해서는 안 된다. 건축가들은 공간에 전략적으로 향기를 도입함으로써 사용자의 만족도와 웰빙을 높이는 몰입감 있고 감정적으로 매력적인 환경을 만들 수 있다. 향기의 예술과 환기 및 공기 질의 과학을 결합함으로써, 멋진 외관뿐만 아니라 신성한 냄새까지 갖춘 공간을 만들어 그 공간을 경험하는 사람들에게 지속적인 인상을 남길 수 있는 기회를 갖게 된다. 건축 환경과 인간의 웰빙 간의 관계를 계속 탐구함에 따라, 건축 디자인에서 향기의 역할은 점점 더 많은 관심을 받게 될 것이며, 모든 감각을 진정으로 사로잡는 공간을 만들기 위한 흥미진진한 새로운 가능성을 제시할 것이다.

## 손으로 느끼는 공간의 온도

우리는 매일 공간에서 공간으로 이동한다. 하루 24시간 중 80% 이상을 공간에서 보내는 우리는 매일 수많은 공간을 경험하며 살아간다. 그 공간의 특성에 따라 우리의 감정과 사고방식, 행동 양식이 달라진다. 건축 환경은 인간의 심리와 행동에 지대한 영향을 미치며, 공간 디자인은 우리의 삶의 질을 결정짓는 중요한 요소이다.

특히 촉각적 경험을 제공하는 공간 디자인은 사용자의 감성을 자극하고 기억에 오래도록 남을 수 있다. 손으로 직접 만지고 느끼는 감각은 시각이나 청각보다 더 강렬한 인상을 남기기 때문이다. 매끄러운 대리석의 표면, 거친 질감의 벽돌, 부드러운 털의 카펫 등 다양한 재료의 질감은 공간에 깊이와 생동감을 부여한다.

촉각 정보 처리에는 뇌의 체성감각피질 somatosensory cortex이 핵심적인 역할을 한다. 피부의 기계수용기 mechanoreceptor가 감지한 질감 정보는 일차체성감각피질 S1로 전달되어 해석되고, 이는 다시 두정피질 parietal cortex과 뇌섬엽 insula 등의 영역과 상호작용하며 공간 지각 및 정서 반응을 형성한다. 질감 지각에 관여하는 뇌 영역 간의 역동적인 네트워크를 이해함으로써 우리는 공간 디자인의 촉각적 언어를 효과적으로 활용할 수 있다.

나아가 질감은 개인의 정서적 반응뿐 아니라 사회문화적 맥락에 따라서도 다르게 해석될 수 있다. 시각적 질감 범주화 훈련과 촉각적 범주화 훈련을 통해 초기 시각피질의 활성화 패턴과 다감각적 질감 표상에 변화가 나타났다는 연구 결과는 이를 뒷받침한다. 따라서 공간 디자이너는 사용자의 개인차와 문화적 배경을 고려하여 포용적이고 보편적인 공간을 창조해야 한다.

촉각적 경험의 또 다른 핵심 요소는 바로 온도이다. 우리 몸은 대사활동을 통해 열을 발생시키고, 의복과 환경 조건에 따라 열 교환이 이루어진다. 몸에서 발생되는 열과 배출되는 열의 상관관계가 평행을 이룰 때 우리는 쾌적하다고 느낀다. 우리가 느끼는 쾌적감은 외부환경으로 부터도 영향을 받는데, 쾌적한 온도 환경을 조성하기 위해서는 복사 냉난방 시스템, 기밀하고 단열성능이 우수한 건물 외피, 사용자 제어가 가능한 온도 조절 장치 등을 적절히 활용해야 한다. 또한 건물의 용도와 사용 패턴에 따라 열적 조닝 zoning을 적용하고, 실시간 모니터링과 피드백을 통해 유연하게 대응할 필요가 있다.

이와 더불어 인터랙티브하고 복합감각적인 공간 요소는 사용자의 적극적인 참여를 유도하고 기억 형성을 강화한다. 예를 들어 촉각, 후각, 미각 등 다양한 감각을 자극하는 예술 설치물이나 감각 벽면은 사용자와 공간 간의 상호작용을 촉진하고 호기심과 창의성을 불러일으킨다. 이는 학습 효과를 높이고 문제 해결력을 향상시키는 데에도 기여할 수 있다.

더 나아가 인터랙티브 디자인은 다양한 능력과 선호도를 가진 사용자들을 위한 접근성과 포용성을 제고한다. 가상현실 VR, 증강현실 AR, 모션 센서, 인터랙티브 소프트웨어 등 첨단 기술을 활용하면 개별 사용자의 요구에 맞춤화된 몰입적이고 반응적인 공간을 구현할 수 있다. 이는 교육, 의료, 마케팅 등 다양한 분야에 적용될 수 있으며, 사용자의 인지적, 정서적, 사회적 웰빙을 증진하는 데 기여할 것이다.

우리는 공간 디자인을 통해 인간의 삶의 질을 향상시킬 수 있는 무한한 기회를 가지고 있다. 건축 환경이 신체 감각뿐 아니라 뇌의 반응까지 변화시킬 수 있다는 사실을 명심하면서, 안전하고 쾌적할 뿐 아니라 사용자의 감성과 창의성, 소통과 유대감을 키워줄 수 있는 공간을 설계해야 한다. 이를 위해서는 다학제적 연구와 실험을 바탕으로 혁신적인 아이디어를 개발해야 하며, 무엇보다도 사용자의 입장에서 세심하게 배려하고 소통하려는 자세가 필요할 것이다.

  우리가 매일 경험하는 공간이 우리의 삶에 미치는 영향을 과소평가해서는 안 된다. 건축 환경은 단순한 물리적 구조물이 아니라 우리의 감각과 감성, 사고와 행동을 조율하는 일종의 매개체이다. 우리의 손끝으로 공간을 느끼고 공감하며, 더 나은 내일을 향한 건축 환경을 만들어가는 노력을 멈추지 말아야 할 것이다.

## 공감각의 즐거움

우리는 매일 다양한 공간에서 시간을 보내며, 그 공간의 특성에 따라 감정과 생각, 행동이 달라진다. 이제 공간 디자인은 단순히 시각적인 아름다움을 넘어, 오감을 만족시키는 종합적인 경험을 선사하는 방향으로 나아가고 있다. 바로 공감각(共感覺) 디자인이 그것이다.

공감각은 한 감각의 자극이 다른 감각에 자동적인 반응을 일으키는 신경학적 현상을 말한다. 예를 들어, 특정한 색을 보면 특정한 소리가 들리거나, 특정한 냄새를 맡으면 특정한 감촉을 느끼는 것이다. 이러한 공감각적 경험은 예술가, 음악가, 시인들에게 오랫동안 영감을 주었고, 이제는 건축가와 디자이너들이 공간 디자인에 활용하기 시작했다.

공감각 디자인의 핵심 전략은 시각, 청각, 촉각, 후각, 미각 등 오감을 조화롭게 자극하는 다감각적 요소를 활용하는 것이다. 이는 색채, 조명, 질감, 소리, 심지어 향기까지 전략적으로 사용함으로써 달성할 수 있다. 예를 들어, 부드러운 따뜻한 조명, 푹신한 질감, 편안한 자연의 소리가 어우러진 공간은 안락함과 휴식을 선사하는 반면, 대담한 색상, 각진 형태, 역동적인 음악이 가미된 공간은 창의성과 생산성을 자극한다.

공감각 디자인에서 또 하나 중요한 고려 사항은 감각 양식 간의 교차 대응(交叉對應)이다. 이는 사람들이 서로 다른 감각 양식 사이에서 형성하는 연관성을 의미한다. 연구에 따르면, 사람들은 대개 높은 음역대의 소리를 밝은 색과 날카로운 모양과 연관 짓고, 낮은 음역대의 소리는 어두운 색과 둥근 모양과 연관 짓는 경향이 있다. 이러한 선천적 연관성을 활용함으로써 디자이너들은 비록 기존 관념에서 벗어난 파격적인 공간일지라도 직관적이고 자연스럽게 느껴지도록 만들 수 있다.

공감각 디자인의 가장 흥미로운 점은 사람들을 완전히 다른 세계로 데려갈 수 있는 몰입형 경험을 창조할 수 있다는 것이다. 음식의 맛이 장식의 색감과 질감에 반영된 레스토랑, 혹은 관람객이 전시 구역을 이동할 때마다 소리와 냄새가 변화하는 박물관 전시를 상상해 보라. 이러한 다감각적 경험은 매우 강력하여 오래도록 기억에 남고, 우리를 둘러싼 세상에 대한 새로운 사고방식을 촉발한다.

물론 공감각적 공간을 창조하는 것은 어려운 과제다. 인간의 지각과 심리에 대한 깊은 이해는 물론, 실험과 도전을 두려워하지 않는 자세가 필요하다. 디자이너들은 또한 접근성과 포용성을 염두에 두어, 다양한 감각 능력과 선호도를 가진 사람들 모두에게 환영받고 즐거운 공간이 되도록 해야 한다.

이러한 어려움에도 불구하고, 공감각 디자인이 가진 잠재력은 무시할 수 없다. 오감을 사로잡는 공간은 우리의 정서적, 인지적 안녕을 높이고, 창의성과 생산성을 향상시키며, 주변 세계와의 더 깊은 유대감을 형성하는 힘을 가지고 있다. 점점 더 많은 디자이너와 건축가들이 이 접근법을 수용함에 따라, 우리는 단순히 기능적인 것을 넘어 진정으로 변화를 이끄는 건축 환경의 미래를 기대할 수 있다.

그러므로 어떤 공간에 들어갈 때, 잠시 시간을 내어 그 공간이 당신에게 어떤 느낌을 주는지 주의 깊게 살펴보라. 단순히 보이는 것뿐만 아니라, 들리는 것, 냄새나는 것, 심지어 맛이 나는 것까지 말이다. 모든 감각이 하나로 어우러질 때, 우리의 경험이 얼마나 더 풍요롭고 의미 있어질 수 있는지 새삼 깨닫게 될 것이다. 그리고 어쩌면, 우리 자신의 마음이 가진 경이로움과 복잡성, 그리고 세상을 경험하는 우리의 방식을 변화시키는 공감각의 놀라운 힘에 대해 새로운 감사함을 발견하게 될지도 모른다.

## 감각 친화적 학습 공간 디자인하기

감각 처리의 차이를 가진 학생들의 발달을 촉진하고 지원하는 교육 환경을 설계하는 것은 포용적이고 효과적인 학습 공간을 만드는 데 있어 매우 중요한 측면이다.

차분한 활동의 은은한 소리가 고요한 순간과 교차하는 교실을 상상해보라. 학생들은 감각을 조절하기 위해 조용한 구석으로 물러나거나 촉각적인 자료에 몰두하여 주의를 집중할 수 있다. 이것이 바로 감각 친화적 설계가 실제로 발휘하는 힘이다.

감각 친화적 학습 공간을 조성하기 위한 핵심 전략 중 하나는 감각실 또는 다감각 환경을 통합하는 것이다. 이러한 전용 공간은 등 개인의 필요에 맞춘 다양한 감각 경험을 제공한다. 감각 탐색과 조절을 위한 안전하고 통제된 환경을 제공함으로써, 감각실은 학생들이 감각 입력을 관리하고 하루 종일 집중력을 유지하는 데 도움을 줄 수 있다.

감각실 외에도 교실 내 조정 사항이 감각 통합을 지원하는 데 중요한 역할을 한다. 일관된 일과를 수립하고, 대안적인 좌석 옵션을 제공하며, 무게감 있는 무릎 패드나 핑거 스피너와 같은 감각 도구를 제공하는 것은 학생들이 편안함을 유지하고 학습에 몰입할 수 있도록 돕는다. 예측 가능하고 적응력 있는 환경을 조성함으로써 교육자들은 감각 과부하를 줄이고 안정감과 안전감을 촉진할 수 있다.

일상 생활에 감각 전략을 통합하는 것 또한 감각 처리를 지원하는 효과적인 방법이다. 정기적인 움직임 휴식, 휴식을 위한 조용한 공간, 감각 식단이나 순환은 학생들이 감각 입력을 조절하고 최적의 각성 및 집중 수준을 유지하는 데 도움이 된다. 이러한 전략은 개인의 필요와 선호도에 맞게 조정될 수 있으며, 각 학생이 번창하는 데 필요한 감각 지원을 받을 수 있도록 보장한다.

감각의 다양성을 존중하는 포용적인 학습 환경을 조성하는 것은 소

감각 친화적 교실은 학생들의 다양한 감각적 요구를 충족시키기 위해 여러 가지 유연한 좌석 옵션을 제공합니다. 흔들 의자, 안정성 볼, 바닥 쿠션 등 다양한 좌석을 선택할 수 있으며, 조명을 조절하여 시각적 스트레스를 줄이고 차분한 분위기를 조성합니다. 소음 관리를 위해 흡음재를 사용하거나 조용한 공간을 마련하며, 다양한 활동을 위한 구역을 설정합니다. 개별 활동과 그룹 활동을 위한 공간을 구분하고, 소음 수준이 다른 구역을 마련합니다. 벽면은 시각적으로 조용한 공간과 흥미로운 요소로 균형 있게 구성하여 체계적인 환경을 조성합니다. 또한, 학생들이 압도감을 느낄 때 휴식을 취할 수 있는 감각 휴식 공간을 마련해 부드러운 조명과 편안한 좌석, 감각 도구 등을 갖추고 있습니다.

속감과 참여를 증진하는 데 필수적이다. 다양한 질감, 직물, 재료로 구성된 감각 스테이션은 창의력과 문제 해결 능력을 자극할 수 있으며, 아로마테라피와 평온한 휴식 공간은 감각 과부하로부터 휴식을 제공할 수 있다. 다양한 감각적 요구와 선호도에 부합하는 공간을 설계함으로써 교육자들은 보다 포용적이고 환영받는 학습 공동체를 조성할 수 있다.

작업치료사와의 협력은 감각 전략이 개별 학생에게 효과적이고 적절한지 확인하는 데 중요하다. 구체적인 목표를 설정하고, 진전 상황을 모니터링하며, 필요에 따라 전략을 조정하기 위해 협력함으로써 교육자와 치료사는 감각 통합과 전반적인 웰빙을 증진하는 포괄적인 지원 시스템을 구축할 수 있다.

감각 친화적인 학습 공간의 물리적 설계에 있어서는 세부 사항에 주의를 기울이는 것이 핵심이다. 조절 가능한 조명, 흡음 재료, 유연한 가구 배치는 모두 보다 편안하고 수용적인 환경 조성에 기여할 수 있다. 부드러운 조명, 소음 감소 조치, 촉각적 표면은 감각 과부하를 완화하고 학습에 도움이 되는 차분한 분위기를 조성하는 데 도움이 된다.

명확한 라벨링, 지정된 보관 공간, 일관된 일과는 시각적 혼잡을 줄이고 질서와 예측 가능성을 증진하는 데 도움이 될 수 있다. 학습 환경에 감각 도구와 진정 구역을 통합함으로써 교육자들은 학생들에게 자기 조절과 집중력 유지에 필요한 자원을 제공할 수 있다.

결국 감각 친화적인 학습 공간을 설계하는 것은 협력적이고 공감적인 접근 방식을 필요로 한다. 감각 처리의 차이를 가진 개인을 설계 과정에 참여시키고 지원을 위한 모범 사례에 대해 교직원을 교육함으로써 교육 기관은 신경다양성을 존중하는 진정으로 포용적이고 지원적인 환경을 조성할 수 있다.

감각 처리와 학습에 미치는 영향에 대한 이해가 깊어짐에 따라, 감각적 요구를 고려하여 교육 공간을 설계하는 것은 단순히 편의 제공의 문제가 아니라 공평하고 효과적인 학습 환경을 조성하는 데 있어 근본적인 측면임이 분명해졌다. 감각 친화적 설계의 힘을 수용함으로써 우리는 교육 환경을 변화시키고 모든 학생이 잠재력을 최대한 발휘할 수 있도록 할 수 있다.

다양성이 존중받고 차이가 수용되는 세상에서 감각 친화적 학습 공간은 희망과 포용성의 상징이 된다. 그것은 모든 학생이 자신의 고유한 필요를 지원하고 장점을 인정하는 환경에서 배우고 성장할 기회를 누

려야 한다는 사실을 상기시킨다. 우리는 이러한 공간을 만들고 교육에서 감각적 형평성을 위해 노력할 책임이 있다.

그러므로 우리는 모든 교실이 감각의 조화로움의 안식처가 되는 미래를 상상해 봐야 한다. 학생들은 마음, 몸, 정신을 키우는 환경에서 탐구하고, 창조하며, 번창할 수 있다. 인간 경험의 다양성을 존중하고 학습자 세대가 별을 향해 도전하도록 영감을 주는 학습 공간을 설계하자. 모든 학생이 가치 있고, 지원받으며, 성공할 수 있는 힘을 갖춘 세상을 만들 수 있다.

# 3 기억을 자극하는 공간의 힘

## 기억을 자극하는 공간의 힘

우리의 기억과 감정, 그리고 삶의 질은 우리가 머무는 공간의 영향을 받는다. 공간 디자인은 단순히 미적인 측면에서 끝나는 것이 아니라, 우리의 인지 과정과 정서적 안녕에 깊은 영향을 미친다.

기억의 형성과 회상은 우리를 둘러싼 공간의 특징과 랜드마크와 밀접한 관련이 있다. 우리의 뇌는 공간 정보를 위계적으로 인코딩하는데, 먼저 공간의 전체적인 배치를 기억한 다음 그 공간 내에서 특정 목표 위치를 추적한다. 독특한 건물이나 자연 지형과 같은 랜드마크는 우리의 인지 지도에서 중요한 참조점 역할을 하며, 우리가 방향을 잡고 주변을 탐색할 수 있도록 돕는다. 공간의 레이아웃, 경계, 영역 구분 등은 우리의 지각을 분할하고 공간 기억을 저장하는 데 도움을 준다.

 주의력은 공간 정보를 장기 기억으로 인코딩하는 데 중요한 역할을 한다. 연구에 따르면 지속적인 주의력과 공간적 주의력은 지속적인 기억 형성에 서로 다른 영향을 미친다. 인상적인 시각적 요소, 신중하게 설계된 조명, 매력적인 공간 구성 등은 모두 기억에 남는 공간을 만드는 데 기여할 수 있다.

 공간 기억은 전체 공간 배치를 먼저 인식한 후, 그 안에서 특정 위치를 추적하는 위계적 구조를 따른다. 랜드마크와 레이아웃은 인지 지도의 기본 구성 요소로, 사람들은 랜드마크를 사용하여 방향을 잡고 주변을 탐색한다. 물리적, 지각적, 주관적 경계에 의해 정의되는 영역 구분은 인지 지도의 주요 구성 요소이며 공간 기억을 돕는다.

 기억의 인지적 측면 외에도 공간 디자인은 향수와 감정적 기억을 불러일으키는 힘을 가지고 있다. 우리가 공간에 대해 형성하는 정서적 표상은 환경의 자연성, 정서 상태, 내수용 감각 등 다양한 요인에 의해 형성된다. 이러한 정서적 동인을 이해하고 여러 감각에 호소하는 요소를 통합함으로써 디자이너는 개인과 공동체에 깊이 공명하는 공간을 만들 수 있다.

식물, 수경 시설, 유기적 재료 등 자연 요소의 사용은 정서적 기억에 상당한 영향을 미치는 것으로 나타났다. 긍정적인 기억을 반영하는 영역은 비자연적인 환경보다 자연 환경과 더 많이 겹치는 경향이 있다. 이는 생체모방 디자인 원칙을 우리의 건축 환경에 통합하여 정서적 안녕을 키우고 자연 세계와의 연결 감각을 조성하는 공간을 만드는 것이 중요함을 강조한다.

　서로 다른 공간 구성도 뚜렷한 정서적 반응을 불러일으킬 수 있다. 예를 들어, 정원 디자인에서 개방적이고 확장된 공간을 특징으로 하는 원형디자인은 평온함과 휴식감을 줄 수 있다. 반면 폐쇄적이고 반복적으로 중복되는 공간형태 디자인은 안정감과 질서의 느낌을 불러일으킬 수 있다. 이러한 공간구성을 이해함으로써 디자이너는 개인과 깊이 공명하는 공간을 만들 수 있다.

　교육 및 업무 환경에서 기억 보존을 위한 공간 최적화가 특히 중요하다. 교육 환경에서는 간격을 두고 반복하기, 다감각 자극, 인지 부하 감소 등의 전략이 기억 수행을 향상시킬 수 있다. 간결한 학습 자료를 제공하고 정보를 처음 배운 환경을 재현하는 것은 망각 곡선에 맞서고 핵심 개념을 강화하는 데 도움이 될 수 있다.

업무 환경에서는 트라우마 인식 디자인 원칙, 직원 의견 수렴, 워크플로우에 맞춘 작업 공간 정렬 등이 기억 보존과 전반적인 안녕에 기여할 수 있다. 이차 외상성 스트레스를 예방하고, 지속 가능한 근무 환경을 조성하며, 다양한 요구에 부응하는 작업 공간을 만듦으로써 직원 유지와 인지 성능을 최적화하는 환경을 조성할 수 있다.

현대 사회의 복잡성을 탐색하면서 우리의 기억과 경험을 형성하는 데 있어 공간 디자인의 역할은 그 어느 때보다 중요해졌다. 뉴로아키텍처의 원리를 이해하고 공간 디자인의 힘을 활용함으로써 우리는 인지 과정을 지원할 뿐만 아니라 정서적 안녕을 키우는 환경을 만들 수 있다. 건축의 미래는 개인과 공동체의 정서적, 심리적, 사회적 요구를 우선시하는 공간을 설계하는 데 있다. 이러한 요구를 출발점으로 삼고 삶의 질, 인간 경험, 웰빙을 우선시하는 척도와 가치를 통합함으로써 우리는 삶을 진정으로 풍요롭게 하고 지속적인 행복을 조성하는 공간을 창조할 수 있다.

강렬한 기억이나 감정을 불러일으키는 공간에 있을 때 잠시 멈추어 마음과 주변 환경 사이의 복잡한 상호작용을 음미해 보자. 공간 디자인의 힘은 기억을 자극할 수 있을 뿐만 아니라 우리 삶의 본질까지 형성할 수 있는 능력에 있다. 우리는 이러한 힘을 다스리고, 영감을 주고,

치유하며, 인간 정신을 고양하는 환경을 만드는 것이 책임이자 특권이다. 뉴로아키텍처의 비밀을 받아들임으로써 우리는 모든 공간이 이야기를 들려주고, 모든 기억이 소중히 간직되며, 모든 순간이 행복과 성취의 가능성으로 가득한 세상을 만들 수 있다. 이것이 바로 우리가 지향해야 할 건축의 궁극적인 목표인 것이다.

## 공부가 잘되는 공간의 비밀

닭들은 좁은 울타리 안에서 정해진 생활패턴을 반복한다. 그들에게 주어진 세상은 닭장 안이 전부이다. 이러한 닭장의 구조는 울타리를 치고, 그 안에 닭을 넣어 주인이 닭들을 원하는 만큼 제한할 수 있게 한다. 우리의 학교도 닭장과 크게 다르지 않다. 학교의 울타리는 우리의 생각과 행동을 제한한다.

공간 디자인은 단순히 미적인 측면뿐만 아니라, 우리의 인지 능력과 정서에도 중요한 역할을 한다. 공간 심리학 Environmental Psychology은 건축 환경이 인간의 심리와 행동에 미치는 영향을 연구하는 학문으로, 이를 통해 우리는 학습에 최적화된 공간을 설계할 수 있다.

학생들이 대부분의 시간을 보내는 교실과 학교 환경은 단순히 지식을 전달하는 장소가 아니라, 사고력과 창의력, 사회성을 기르는 공간이어야 한다. 뇌의 변화를 가장 많이 겪는 시기의 학생은 다양하고, 광범위한 경험과 체험을 통해 사고가 확장되므로 이러한 사고력을 키우기 위해서는 가장 많은 시간을 보내는 학교라는 공간에서 다양한 변화를 경험해야 사고력과 창의성이 확장될 수 있다.

다양한 변화는 공간으로 시작될 수 있다. 이동수업이 많아진 학교의 수업방식이 학생들의 사고력을 높여주는 변화로 만들기 위해서는 이동하는 교실을 이전 교실과 다르게 변화를 줌으로써 창의력과 상상력을 키워줄 수 있다. 이러한 공간의 변화는 창문의 크기 변화로도 가능하다. 좁고, 작은 창문보다는 크고, 넓은 창이 시각적 스펙트럼을 넓혀주고, 실내에서 실외를 바라보는 심리적 효과는 답답함을 줄이고, 사고의 시간을 늘려준다. 건축가이자 건축의 본질을 중요시했던 루이스칸이 설계한 학교도 외부의 숲을 볼 수 있도록 창을 크게 했다.

또한 학습 공간에 자연 요소를 도입하는 것은 인지 기능과 정서적 안녕에 큰 영향을 미친다. 바이오필릭 디자인 Biophilic Design은 건축 환경에 자연의 요소를 가져오는 것으로, 스트레스를 줄이고 기분을 개선하며 창의력을 향상시키는 것으로 알려져 있다. 식물, 천연 소재, 외부 경관 등을 통합함으로써 자연과 연결된 느낌의 학습 공간을 만들어 평온함과 집중력을 높일 수 있다.

자연광은 인지 기능을 향상시키고 기분을 좋게 만드는 것으로 알려져 있다. 책상을 창가에 배치하거나 천창을 설치하여 자연광을 최대한 활용하면 학업 성취를 향상시킬 수 있다. 고층건물일 경우 천창의 도입이 어렵지만 건물 중앙에 중정과 같은 공간을 배치하여 자연광을 받아들이고, 공간의 천장고를 높여 창의력을 높여줄 수 있다.

자연광이 부족한 경우, 조절 가능한 조명과 부드러운 따뜻한 빛을 사용하면 눈의 피로를 줄이고 오랜 시간 공부하기에 적합한 분위기를 조성할 수 있다.

학습 효과를 높이기 위한 또 다른 공간 디자인 전략은 유연하고 협력적인 공간을 조성하는 것이다. 팀워크와 문제 해결 능력이 높이 평가되는 오늘날의 교육 환경에서 그룹 작업과 동료 간 학습을 촉진하는 공간은 필수적이다. 그러나 대부분의 교실은 앞쪽에 칠판이 있고, 칠판과 선생님을 바라보고 수업을 하게 된다. 이러한 공간구성은 학생들의 팀워크를 높이진 못한다. 학생들의 팀워크를 높이고, 자유롭게 본인의 의견을 말하기 위해서는 토론을 하듯이 동그랗게 둘러앉아 서로의 얼굴을 바라보며, 각자 개인들의 감정변화를 느낄 수 있는 공간구성이 되어야 한다. 균일하지 못한 공간배치는 불평등을 불러일으킬 수 있다. 따라서 원형으로 공간을 배치하면 불평등을 없애고, 서로 바라보며 감정 변화를 분석함으로써 우리의 뇌를 더욱 활성화 시킬 수 있다.

또한 이동식 가구, 화이트보드, 통합 기술 등을 활용하면 학생들이 프로젝트와 토론의 필요에 따라 환경을 쉽게 재구성할 수 있다. 협력과 능동적 참여를 촉진함으로써 이러한 공간은 학생들이 학습 과정에 대한 주인의식을 갖고 중요한 대인 관계 기술을 개발하도록 장려할 수 있다.

개인의 선호도, 학습 스타일, 개인적 상황 등 다양한 요인이 각 개인에게 가장 적합한 학습 환경을 결정하는 데 작용한다. 그러나 방해 요소가 없는 공간, 최적의 조명, 인체공학적 편안함, 자연 요소 통합, 유연한 협력 공간 등 신경건축학Neuroarchitecture의 핵심 원칙을 적용함으로써 학습과 집중, 전반적인 웰빙에 더욱 적합한 학습 환경을 조성할 수 있다.

신경과학과 건축의 접점을 계속 탐구할수록 우리가 머무는 공간이 인지 기능, 감정 상태, 학업 성취도에 미치는 영향이 매우 크다는 것이 분명해진다. 신경건축학의 원리를 이해하고 적용함으로써 우리는 인간의 뇌 잠재력을 진정으로 끌어내는 학습 공간을 설계할 수 있으며, 이는 학생들이 최대한의 학업 잠재력을 발휘하고 평생 학습과 성공의 기반을 마련하는 데 기여할 수 있다.

끊임없이 증가하는 주의력 요구가 상존하는 세계에서 잘 설계된 학습 공간의 중요성은 아무리 강조해도 지나치지 않다. 방해 요소를 최소화하고 편안함을 증진시키며 창의력을 고취하는 환경을 조성함으로써 우리는 학생들이 점점 더 복잡하고 도전적인 세상에서 번영하는 데 필요한 집중력, 회복력, 비판적 사고 능력을 기를 수 있도록 도울 수 있다.

자연광과 식물이 어우러진 협업 공간

자연광이 풍부하게 들어오는 창문과 천장, 실내에 배치된 다양한 식물, 그리고 자유롭게 배치할 수 있는 이동식 테이블과 의자가 있는 협업 공간

## 뇌가 선호하는 학습 공간 디자인하기

우리는 매일 다양한 공간에서 시간을 보내며, 그 공간의 특성에 따라 감정과 생각, 행동이 달라진다. 호기심을 자극하고, 동기를 부여하며, 지식을 기억에 각인시키는 학습 공간을 상상해 보자. 이러한 환경을 조성하는 비결은 뇌가 건축 환경에 어떻게 반응하는지 이해하는 것에 있다. 뇌가 선호하는 학습 공간을 설계함으로써 우리는 기억력 향상과 학습 경험 증진의 잠재력을 열어젖힐 수 있다.

뇌 친화적인 학습 환경을 설계할 때 가장 중요한 요소 중 하나는 조명이다. 빛과 그림자의 상호작용, 적절한 조명으로 만들어지는 대비, 그리고 다양한 조명 조건이 불러일으키는 분위기는 모두 공간의 기억력에 기여한다. 적절한 조명은 시각적 대비를 만들어 물체와 특징을 더 잘 볼 수 있게 하고 기억하기 쉽게 만든다. 또한 조명은 기분과 주의력에 큰 영향을 미치며, 이는 기억 보존에 영향을 준다. 밝고 균형 잡힌 조명은 각성과 집중력을 높여 학습과 기억 형성에 최적의 상태로 뇌를 준비시킨다.

따라서 공간 전체를 밝히는 전반조명을 사용하면 시지각을 높이고, 사물을 명확하게 볼 수 있도록 만든다. 이러한 전반조명이 업무의 효율을 높인다면 국부조명은 집중력을 높여준다. 국부조명은 한 곳만을 집중해서 비추는 조명을 말하는데, 다운라이트, 샹들리에, 스탠드 등 어느 한 부분만을 비출 때 적용된다. 독서실의 조명도 국부조명이라 할 수 있다. 국부조명은 한 부분만을 비추기 때문에 전반조명에 비해 조도는 낮아질 수 있지만 집중력을 높여준다. 따라서 집중이 필요한 시간에는 전반조명보다는 국부조명을 사용하면 집중력을 높일 수 있다.

조명 외에도 색상은 학습 환경을 향상시키는 데 결정적인 역할을 한다. 색상은 강력한 시각적 단서로 작용하여 평범한 물체와 장소를 독특하고 기억에 남을 만한 요소로 변화시킨다. 학습 공간 전체에 일관되고 의미 있게 색상을 사용함으로써 핵심 정보를 강화하는 시각적 서사를 만들 수 있다. 더욱이 색상은 감정적 연상을 불러일으킬 수 있는 능력이 있어 학습자와 제시되는 자료 사이에 더 강한 연결고리를 형성한다. 주황색이나 빨간색과 같은 따뜻하고 활기찬 색조로 가득 찬 방에 들어가는 상상을 해보라. 이러한 색상은 참여와 동기를 자극하여 학습자가 학습 과정에 적극적으로 참여하도록 장려할 수 있다.

   조명과 색상이 필수적이지만 학습 공간의 레이아웃 또한 공간 기억을 지원하는 데 있어 중요하다. 우리의 뇌는 새로운 것을 보고, 새로운 곳을 가게 되면 적응하기 위해 본능적으로 공간을 학습하게 된다. 이러한 학습은 반복하고 습관이 되면 의식적인 노력없이 행동으로 옮길 수 있게 된다. 명확한 경계와 눈에 띄는 랜드마크가 있는 잘 설계된 레이아웃은 학습자가 환경에 대한 정신 지도를 더 쉽게 구축하도록 도와주어 길 찾기와 정보 회상을 용이하게 한다. 낯선 곳에 여행을 할 때, 길을 잃을 순 있지만 다시 길을 찾도록 중심축이 되어주는 것이 랜드마크인 것처럼 말이다. 또한 일관되고 예측 가능한 레이아웃은 인지 부하를 줄여 학습자가 환경 자체를 해독하는 대신 정보를 흡수하고 처리하는 데 정신 에너지를 집중할 수 있게 한다.

   변화된 공간에서 창의성과 상상력, 사고력을 높일 수 있다면 예측가능하고, 일관된 공간에서는 기억력을 높일 수 있다. 예측가능하다는 것은 우리가 어떤 경험을 하거나 체험을 하면서 습득된 결과값이다. 이러한 경험은 앞으로 일어날 일을 예측하여 안 좋은 것은 예방하고, 좋은 것은 받아들일 수 있도록 해준다. 특히나 학습을 위해서는 지식에 대한 이해가 깊을수록 사고가 확장되고, 응용력이 높아진다. 따라서 학습에만 집중할 수 있는 공간이 된다면 방해요소가 줄어들고, 한 곳에 몰입하도록 도와주는 역할을 하게 된다.

개인에 따라 어떤 학습자는 시각적 단서에 더 많이 의존할 수 있고, 다른 이들은 공간적 관계나 촉각적 경험을 우선시할 수 있다. 다양한 선호도와 학습 스타일에 부합하는 학습 공간을 설계함으로써 교육자는 모든 학습자의 다양한 요구를 지원하는 포용적인 환경을 조성할 수 있다.

조명이 잘 갖춰지고 시각적으로 매력적이며 공간적으로 기억에 남을 만한 뇌가 선호하는 공간을 설계함으로써 우리는 참여, 동기 부여, 지식 보존의 새로운 수준을 열 수 있다. 건축 환경의 힘을 활용하여 뇌의 반응을 형성함으로써 우리는 지식을 전달할 뿐만 아니라 평생 학습에 대한 사랑을 불러일으키는 학습 공간을 만들 수 있다.

## 기억의 궁전을 디자인하라!

공간과 기억의 상호작용은 건축 디자인 분야에서 매우 중요한 화두이다. 우리는 이를 활용하여 기억 형성과 회상을 강화할 수 있는 공간을 의도적으로 설계할 수 있다. "기억의 궁전"을 디자인할 때 고려해야 할 세 가지 주요 측면은 감각적 몰입, 정서적 공명, 인지적 매핑이다.

감각적 몰입은 기억에 남는 공간을 만드는 강력한 도구이다. 시각, 청각, 후각, 촉각적 요소를 신중하게 통합함으로써 우리는 오래 지속되는 인상을 남기는 다감각적 경험을 만들어낼 수 있다. 빛과 그림자의 상호작용, 질감이 풍부한 자연 재료의 사용, 특정 분위기나 기억을 불러일으키는 향기의 활용은 공간 지각과 정보 인코딩을 강화하기 위해 시너지 효과를 발휘한다.

　예를 들어, 따뜻하고 달콤한 코코아의 향기가 추운겨울 부모님과 함께 먹었던 어린 시절의 기억으로 우리를 데려갈 수 있다. 또한 손가락 끝으로 느껴지는 풍화된 나무 결은 소박한 가족 별장의 이미지를 불러일으킬 수 있다. 공간 내에 감각적 자극을 의도적으로 겹겹이 쌓음으로써 우리는 뇌에 다양한 단서를 제공하고, 장소 기반 기억의 형성을 강화할 수 있다.

　정서적 공명을 위한 디자인 역시 매우 중요하다. 감정은 우리가 무엇을, 어떻게 기억하는지에 큰 영향을 미친다. 경외감, 편안함, 호기심, 기쁨 등 강한 감정을 불러일으키는 공간은 우리의 마음속에 더욱 생생하게 각인된다. 시선을 위로 끌어올리는 웅장한 아트리움, 은신처와 친밀감을 제공하는 아늑한 공간, 재치 있는 감각을 불러일으키는 예기치 않은 디자인 요소 등 정서적으로 공명하는 공간 경험은 오랫동안 지속되는 인상을 만들어낸다.

　우리가 어린 시절의 집이나 사랑하는 휴가 장소에 대해 선명한 기억을 가지고 있는 데에는 이유가 있다. 이러한 공간의 정서적 현저성, 즉 그것들이 우리에게 느끼게 했던 감정은 우리의 회상과 불가분의 관계에 있다. 우리는 기억력을 높이기 위해 의도적으로 원하는 정서적 톤과 공명하는 환경을 만들어냄으로써 이러한 힘을 활용할 수 있다.

마지막으로, 인지적 매핑의 기술은 기억 형성과 회상을 촉진하는 탐색 가능하고 이해하기 쉬운 공간을 디자인하는 데 핵심이다. 우리의 뇌는 주변 환경의 정신적 지도를 만들도록 연결되어 있으며, 이를 쉽게 할 수 있는 능력은 공간을 기억하는 능력에 직접적인 영향을 미친다. 명확하고 직관적인 레이아웃, 뚜렷한 랜드마크, 논리적인 공간 위계를 가진 환경은 우리가 견고한 인지 지도를 구축하는 것을 더 쉽게 만든다.

복잡한 건물을 탐색할 때 가장 선명하게 기억나는 공간은 기억에 남을만한 공간적 앵커를 가진 곳이다. 로비의 인상적인 조각상, 주요 전환점을 구분하는 독특한 건축적 특징, 공공에서 사적인 공간으로 흐르는 공간의 논리적 진행 등이 그 예이다. 이러한 요소들은 우리의 정신 지도에서 중요한 참조점으로 작용하여 공간 기억을 구성하고 검색하는 데 도움을 준다.

우리는 감각적 풍부함, 정서적 공명, 인지적 매핑의 원칙을 의도적으로 통합함으로써 기억 과정을 지원할 뿐만 아니라 적극적으로 향상시킬 수 있는 공간을 만들어낼 수 있다. 학습 보유력을 최적화하는 교실에서부터 소중한 기억을 보존하는 데 도움이 되는 노인 주거 단지에 이르기까지, 그 잠재적 적용 범위는 매우 광범위하다. "기억의 궁전"은 단순한 은유가 아니라 달성 가능한 디자인 비전이다. 건축 환경이 우리의 가장 소중한 인지 능력을 위한 강력한 도구가 되는 비전 말이다.

나아가 기억의 궁전을 설계할 때에는 개인의 정체성과 문화적 배경도 고려해야 한다. 각 개인은 자신만의 독특한 경험과 기억을 가지고 있으며, 이는 공간에 대한 해석과 반응에 영향을 미친다. 따라서 보편적인 디자인 원칙을 적용하는 동시에 사용자의 다양성을 수용할 수 있는 유연성을 갖추는 것이 중요하다.

또한 기억의 궁전은 시간의 흐름에 따라 변화하는 동적인 개념이다. 새로운 경험과 기억이 축적됨에 따라 공간에 대한 인식과 애착도 함께 진화한다. 이러한 점을 고려하여 사용자의 성장과 변화에 발맞춰 공간을 유기적으로 변화시킬 수 있는 방안을 모색해야 한다.

기억의 궁전을 설계하는 일은 단순히 아름다운 건축물을 짓는 것 이상의 의미를 지닌다. 그것은 인간의 기억과 감성, 경험을 공간에 녹여내는 작업이자, 개인과 공동체의 정체성을 형성하는 데 기여하는 과정이다.

우리의 삶은 기억의 연속체이며, 공간은 그 기억을 담아내는 그릇이다. 기억의 궁전을 창조하는 일은 곧 인간의 삶을 보다 풍요롭게 만드는 일이다. 그리고 그 공간 속에서 우리는 자신만의 이야기를 쌓아가며 삶의 의미를 발견할 수 있을 것이다. 기억의 궁전은 단순한 건축물이 아닌, 인생이라는 여정에 깊이와 가치를 더하는 존재가 될 것이다.

## 교실도 기억의 장소가 될 수 있다!

공간은 단순히 우리가 머무는 곳이 아니다. 공간은 우리의 감정과 기억, 행동에 지대한 영향을 미치는 환경이다. 특히 학생들이 대부분의 시간을 보내는 교실은 지식 습득뿐만 아니라 긍정적인 기억을 형성하는 데 중요한 역할을 한다. 기억 친화적인 교육 공간을 설계하는 것은 학습 경험을 향상시키고 평생 학습에 대한 애정을 키우는 데 도움이 된다. 이 장에서는 기억 친화적인 교육 공간을 설계하는 세 가지 핵심 요소인 다감각적 요소 통합, 정서적 안녕감 증진, 유연하고 협력적인 환경 조성에 대해 살펴보고자 한다.

다감각 학습은 기억 유지력을 높이고 몰입감 있는 교육 경험을 만드는 강력한 도구이다. 시각, 청각, 촉각, 후각 등 여러 감각을 동시에 자극함으로써 더 강력한 신경 연결을 형성하고 이해력을 심화시킬 수 있다. 생생한 색채, 흥미로운 모양, 교육적인 포스터와 같은 시각적 요소는 학습자의 주의를 사로잡고 상상력을 자극한다. 사각사각 글 쓰는 소리와 같은 청각적 요소는 평화로운 분위기를 조성하고 음운 인식과 이해력을 강화한다. 질감이 있는 표면이나 조작 교구와 같은 촉각적 요소는 직접 체험하는 학습 기회를 제공하고 집중력을 높인다. 유연한 좌석이나 야외 활동과 같은 운동 감각적 요소는 움직임을 촉진하고 능동적인 태도를 만든다. 이러한 다감각적 요소들을 혁신적으로 결합함으로써 다양한 학습 선호도에 부합하고 창의력을 향상시키는 역동적인 학습 환경을 만들 수 있다.

다 감각 중 시각은 가장 많은 영향을 미치면서 가장 효과적으로 학습경험을 풍부하게 만들고, 기억 형성을 촉진한다. 외부로부터 받아들이는 자연광으로 집중력을 향상시켜 학습 성과를 높여준다. 학습 목표에 따라서는 창의적인 활동을 위한 공간에는 활기찬 색상을 활용하고, 집중이 필요한 공간에는 차분한 색상을 활용한다. 청각적 요소는 시끄러운 소리는 차단하고, 집중력을 높이는 청각요소를 적용해야 한다. 따라서 외부의 소음은 차음재와 흡음재를 시공하여 차단하고, 내부 소음은 음을 흡수해주는 능력을 갖는 사람, 가구, 집기류, 패브릭소재 등의 배치 및 구성을 통해 흡음력을 높일 수 있다. 다양한 재질의 감촉은 신경을 자극하고, 자극된 신경은 뇌에 전달되어 신경세포를 자극한다. 다양한 재질의 가구와 마감재를 이용하여 촉각을 자극하고, 어린 학생들이 이용하는 교구와 교재도 다양한 촉각을 입혀 학생들의 집중력을 높인다. 또한 좋은 자연의 향기를 활용하여 쾌적하면서 마음을 편안하게 만든다면 보다 높은 집중력을 만들 수 있다.

정서적 안녕감 증진하는 교실 설계 또한 중요하다. 안전과 소속감은 스트레스를 줄이는 데 필수적인데, 스트레스는 기억 형성을 방해할 수 있다. 진정 효과가 있는 색상, 편안한 좌석, 식물이나 야외 전망과 같은 자연 요소를 도입함으로써 심리적 건강을 지원하는 편안한 분위기를 조성할 수 있다. 조용한 구역과 의도적인 음향 설계는 방해 요소를 최소화하고 휴식 공간을 제공한다. 학생들이 자신의 좌석 배치를 선택하게 하는 등의 개인화와 자율성은 통제력과 편안함을 높일 수 있다. 부드러운 직물과 천연 소재를 사용한 아늑한 공용 구역은 안정감과 소속감을 더욱 촉진한다. 또한 공간이 정리되고, 정돈된 형태는 심리적으로 안정감을 주기 때문에 스트레스를 낮출 수 있다. 따라서 교실 설계에서 정서적 안녕감을 우선시함으로써 학생들의 사회 정서적 학습과 학업 성취도를 지원할 수 있다.

기억 친화적인 교실 레이아웃 예시

　유연성과 협력 또한 기억 친화적인 교육 공간의 핵심 요소이다. 유연한 좌석, 유선형, U자형 구성 등 다양한 좌석 배치를 통해 서로 다른 학습 스타일을 수용하고 팀워크를 장려할 수 있다. 접근성이 좋은 책상 배치와 미니멀한 디자인은 집중력 있는 학습과 원활한 교사-학생 상호작용을 촉진한다. 이동식가구를 통해 다양한 학습프로그램을 지원하고, 모듈형 벽체를 활용하여 공간을 쉽게 구획하거나 확장할 수 있도록 가변적인 공간을 만든다. 대화형 화이트보드나 태블릿과 같은 기술 통합은 참여도를 높이고 학습을 보다 상호작용적으로 만든다. 개인 작업공간과 같은 개인만의 공간을 만들어주고, 독서를 위한 아늑한 공간을 마련한다면 적응성과 학생 주도 학습을 허용함으로써 학생들이 자신의 교육에 대한 주인의식을 갖고 비판적 사고 능력을 기를 수 있도록 힘을 실어줄 수 있다.

결론적으로, 기억 친화적인 교육 공간을 설계하는 것은 다감각적 요소, 정서적 안녕감, 유연한 협력을 신중하게 고려해야 하는 다면적인 노력이다. 여러 감각을 자극하고, 편안함과 소속감을 증진하며, 팀워크를 촉진하는 교실을 만듦으로써 학생의 참여를 최적화하고 학습과 관련된 긍정적인 기억을 형성할 수 있다. 교실 설계에 신경건축학의 원리를 적용함으로써 평생 학습에 대한 사랑을 불러일으키고 미래의 성공을 위한 발판을 마련하는 교육 환경을 조성할 수 있다.

## 공간, 뇌, 기억의 혁신적 콜라보레이션

우리 삶에서 대부분의 시간을 보내는 공간의 중요성을 간과하기 쉽다. 건축 환경은 단순히 물리적 구조물이 아니라 우리의 정서와 행동에 지대한 영향을 미치는 요소이다. 특히 교육 공간은 학습의 효과를 극대화하기 위해 뇌의 작용 방식과 기억의 메커니즘을 고려하여 설계되어야 한다.

기억력 향상에 최적화된 교실을 상상해보자. 명확한 경계와 일관된 배치, 모든 학습자를 포용하는 포괄적인 디자인이 특징인 이 공간에서는 조명과 색상이 기억 수행을 지원하도록 신중하게 선택되며, 공간의 기하학과 레이아웃이 학습 성과를 높이기 위해 세심하게 고려된다. 학생들은 전통적인 책상과 의자에 국한되지 않고 스탠딩 데스크부터 편안한 소파까지 다양한 좌석 옵션 중에서 자유롭게 선택할 수 있다. 가구는 손쉽게 이동 가능하여 개별 학습, 그룹 활동 등 다양한 학습 활동 간의 신속한 전환을 지원한다.

이러한 역동적인 학습 공간에서 기술은 자연스럽게 통합된다. 노트북, 태블릿, 대형 전자칠판 등 분산된 디바이스들은 학생들의 고유한 학습 스타일에 맞는 디지털 도구와 멀티미디어 자료를 활용할 수 있도록 지원한다. 공간은 음향을 고려하여 설계되어 집중력을 방해하는 요소를 최소화하고 최적의 몰입 환경을 조성한다. 자연광이 창을 통해 은은히 들어오고, 세심하게 선정된 질감과 색상이 감각을 자극하며 전반적인 학습 경험을 향상시킨다.

이 적응력 높은 학습 환경에서 교사들은 학생들의 다양한 요구와 선호도를 수용하기 위해 다양한 교수법을 활용하도록 훈련된다. 그들은 가용한 기술과 자원에 정통하여 학습자들이 새로운 개념과 아이디어를 탐구할 때 효과적으로 지원하고 안내할 수 있다. 학생들은 자신에게 가장 적합한 방법과 환경을 실험하면서 학습 과정의 주도권을 갖도록 장려된다.

이 현대적인 학습 공간에서 기술의 통합은 교실 벽을 넘어선다. 원격 참여를 가능케 하고 차별화된 온라인 강의를 제공하는 고급 시청각 시스템이 지원하는 가상 및 하이브리드 학습 기회가 즉시 제공된다. 가상현실과 인공지능 같은 신기술이 지속적으로 발전함에 따라 더욱 역동적이고 몰입감 있는 교육 경험을 창출할 가능성은 무한하다.

이러한 혁신적인 학습 공간을 설계하는 데에는 협력적이고 통합적인 접근 방식이 요구된다. 이해관계자 간 합의 형성, 교육과정 비전과의 조율, 각 기관의 고유한 문화와 조직 구조, 재정 상황 등을 고려해야 한다. 건축가, 교육자, 기술 전문가, 학생들의 전문성을 결집함으로써 우리는 모든 학습자의 잠재력을 진정으로 극대화하는 학습 환경을 조성할 수 있다.

교육의 끊임없이 변화하는 지형을 탐색하면서 우리는 공간, 뇌, 기억의 혁신적 협업이 학습 효과를 한 단계 높이는 열쇠임을 깨닫게 된다. 기억력 향상을 최적화하고, 다양한 학습 스타일에 적응하며, 기술의 힘을 활용하는 공간을 설계함으로써 우리는 학생들에게 영감을 주고, 몰입시키며, 잠재력을 최대한 발휘할 수 있도록 북돋는 교육 환경을 만들어낼 수 있다. 학습의 미래는 이미 우리 앞에 펼쳐져 있으며, 우리 모두가 함께 나아갈 흥미진진한 여정인 것이다.

미래지향적인 학습 공간 투시도

적절한 건축 환경과 공간 디자인이 학습 효과에 미치는 영향은 실로 크다. 연구에 따르면 조명, 음향, 온도, 공기의 질 등 물리적 환경 요인들이 학생들의 인지 능력과 학업 성취도에 직접적인 영향을 미친다고 한다. 예를 들어, 자연광이 풍부한 교실에서 공부하는 학생들은 그렇지 않은 학생들에 비해 학업 성취도가 높았으며, 소음 수준이 낮은 교실의 학생들은 집중력과 기억력이 향상되었다. 또한 교실의 온도와 습도, 학생들의 발열량, 냉난방의 지원, 환기 등의 온열환경요소와도 연결되며, 같은 학업능력을 가졌더라도 건축 환경에 따라 쾌적한 환경에서 학습한 학생의 성적이 쾌적하지 못한 불쾌한 환경에서 학습한 학생의 성적이 보다 높았다.

이처럼 학습에 최적화된 공간을 설계하는 것은 단순히 아름다운 건물을 짓는 것 이상의 의미를 지닌다. 그것은 학생들의 잠재력을 일깨우고, 창의력과 협업 능력을 기르며, 궁극적으로는 미래 사회를 이끌어갈 인재를 양성하는 데 기여하는 일이다. 우리가 교육 현장에서 공간의 힘을 인식하고 적극 활용할 때, 비로소 진정한 의미의 교육 혁신이 가능해질 것이다.

교육자와 건축가, 기술 전문가, 정책 입안자 등 다양한 분야의 전문가들이 지혜를 모아 미래지향적인 학습 공간을 설계해야 할 때이다. 최첨단 기술과 창의적인 공간 활용 방안을 접목하여 학생들에게 보다 역동적이고 몰입감 있는 교육 경험을 선사해야 한다. 이를 통해 우리는 지식 습득을 넘어 실제 역량을 갖춘 창의적이고 협력적인 인재를 길러낼 수 있을 것이다.

공간, 뇌, 기억의 혁신적 협업은 이제 막 시작된 교육 혁명의 서막에 불과하다. 앞으로도 끊임없는 연구와 실험, 도전을 통해 우리는 학습 효과를 극대화하는 공간 활용 방안을 모색해나가야 할 것이다. 그 과정은 결코 쉽지 않겠지만, 미래 세대를 위한 의미 있는 투자임은 분명하다. 우리 모두가 지혜를 모아 학습의 새로운 지평을 열어갈 수 있기를 기대해본다.

## 우리 아이 최고의 학습 공간 만들기

아이가 성장하는 각 단계마다 최적의 학습 환경을 조성하는 것은 그들의 발달과 행복에 매우 중요하다. 우리가 머무는 공간은 감정, 행동, 그리고 인지 능력에 깊은 영향을 미치는데, 이는 주변 환경에 민감한 어린 아이들에게 특히 그러하다.

따뜻한 자연광이 가득한 방에 들어서 보자. 호기심을 자극하고 탐구를 장려하도록 세심하게 설계된 구석구석이 눈에 들어온다. 아늑한 공간은 조용한 놀이와 사색을 불러일으키고, 개방된 공간은 활발한 학습과 사회적 상호작용을 유도한다. 이것이 바로 신경건축학의 힘이다. 뇌 기능을 최적화하고 안녕감을 증진하는 공간을 설계하는 예술이자 과

학인 것이다.

영유아기(0-2세)의 학습 공간을 조성할 때는 안전과 감각 자극이 무엇보다 중요하다. 작은 탐험가들은 주변 환경을 만지고, 맛보고, 조작하고 싶어 한다. 그들의 자연스러운 호기심을 북돋우면서도 안전한 공간을 제공해야 한다. 다양한 질감, 색상, 모양을 통합하여 발달 중인 감각을 자극하되, 모든 재료는 무독성이고 연령에 적합해야 한다. 부드럽고 푹신한 바닥과 낮고 안정적인 가구는 아이들이 기어 다니고, 걷고, 오르는 법을 배우는 동안 부상을 예방하는 데 도움이 된다.

유아기와 학령전기(3-5세)가 되면, 학습 공간은 아이들의 자립심과 사회성 기술을 뒷받침할 수 있도록 발전해야 한다. 아늑한 독서 공간, 예술 활동 구역, 극놀이 코너 등 다양한 활동을 위한 구별된 공간을 만들어야 한다. 아이 크기에 맞는 가구와 접근 가능한 수납 공간을 활용하여 자율성과 책임감을 키워주는 것이 좋다. 식물, 자연광, 자연 소재 등 자연 요소를 도입하여 평온하고 영감을 주는 분위기를 조성해야 한다. 단체 활동과 협동 놀이를 위한 충분한 공간을 제공함으로써 사회적 상호작용을 장려할 수 있다.

학령기 아동(6-12세)의 학습 환경은 구조와 유연성 사이의 균형을 이루어야 한다. 편안한 의자, 넓은 책상 공간, 적절한 조명을 갖춘 조용하고 주의를 산만하게 하지 않는 공간을 지정하여 집중력을 높일 수 있다. 아이들이 쉽게 접근하고 관리할 수 있는 방식으로 학습 자료와 자원을 정리하면 학습 공간에 대한 주인의식과 책임감을 기를 수 있다. 아이들이 자신의 관심사와 개성을 반영하는 그림이나 영감을 주는 글귀 등 장식 요소를 선택할 수 있게 함으로써 개인화를 장려해야 한다.

이러한 연령별 고려사항 외에도 모든 학습 공간을 향상시킬 수 있는 몇 가지 포괄적인 원칙이 있다. 첫째, 가능한 한 자연광과 신선한 공기를 우선시해야 한다. 연구에 따르면 자연채광과 자연에 노출되면 기분, 집중력, 전반적인 안녕감이 개선된다고 한다. 둘째, 식물, 천연 소재, 유기적 형태 등 바이오필릭 디자인 요소를 통합하여 자연과의 연결 감각을 만들어내야 한다. 셋째, 공간의 음향 특성을 고려하여 부드러운 가구와 흡음 소재를 사용함으로써 소음을 최소화하고 평화로운 분위기를 조성해야 한다.

물리적 환경을 넘어 지지적이고 육성적인 정서적 환경을 만드는 것이 필수적이다. 열린 의사소통을 장려하고, 성취를 축하하며, 아이들이 자신을 표현하고 도전할 수 있는 안전한 공간을 제공해야 한다. 노력, 인내, 실수로부터 배우는 가치를 강조함으로써 성장 마인드셋을 육성할 수 있다. 아이들이 학습 여정에서 능동적인 역할을 할 수 있도록 선택과 자율성의 기회를 만들어 주어야 한다.

　결국 아이에게 최적의 학습 공간은 그들의 고유한 요구, 관심사, 발달 단계에 적응하는 공간이다. 안전하고 자극적이며 양육적인 환경을 조성함으로써 아이들의 인지적, 사회적, 정서적 성장을 지원하고, 평생 학습과 행복의 기반을 마련할 수 있다. 나는 여러분이 신경건축학의 힘을 받아들이고 아이들에게 영감을 주고, 참여시키며, 잠재력을 최대한 발휘할 수 있도록 힘을 실어주는 공간을 만들기를 권한다.

학습 공간 레이아웃 예시 도면

아이들의 학습 환경은 그들의 발달과 행복에 중요하며, 각 연령대에 맞게 설계해야 합니다. 영유아는 안전과 감각 자극이 필요하고, 유아기와 학령전기 아이들에게는 자립심과 사회성을 높이는 공간이 필요합니다. 학령기 아동에게는 집중력을 증진시키는 공간이 중요하며, 자연광, 식물, 소음 최소화 등 자연적 요소가 통합된 디자인이 이상적입니다. 아울러, 지지적이고 육성적인 정서적 환경 조성도 필수적입니다.

# 4 마음을 치유하는 공간의 언어

## 마음을 치유하는 공간의 언어

인간의 삶은 끊임없이 위안과 안식처를 찾아 헤매는 미로와도 같다. 우리가 머무는 공간은 의식적이든 무의식적이든 우리의 정서적 안녕에 중대한 영향을 미친다.

공간의 크기, 규모, 비례는 우리의 감정 상태에 상당한 영향을 미쳐 편안함과 만족감부터 불안과 불편함까지 다양한 반응을 유발한다.

더욱이 공간의 구성과 흐름은 우리의 정신적 안녕에 심오한 영향을 미칠 수 있다. 사려 깊은 레이아웃과 직관적인 동선을 가진 잘 설계된 공간은 평온함과 명료함을 유도하는 반면, 어수선하거나 방향감각을 잃게 하는 공간은 스트레스와 압도감을 유발할 수 있다. 형태와 기능 사이의 상호작용은 우리의 감정적 요구를 충족시키는 환경을 만들기 위해 공간에 대한 이해가 필요하다.

최근 몇 년 동안 의료 시설에서는 치유 공간 healing spaces 의 개념이 상당한 주목을 받고 있다. 이러한 치유 공간은 정서적 회복과 전반적인 안녕을 촉진하도록 설계되어 의료 환경과 관련된 스트레스와 불안으로부터 휴식을 제공한다. 햇빛과 녹지에 노출되면 마음에 진정 및 회복 효과가 있어 스트레스 수준을 낮추고 평온함을 증진한다는 연구 결과가 많이 보고되었다. 옥상 정원이나 안뜰과 같은 야외 공간을 통합하

자연광이 가득하고 녹지를 통합한 병실 투시도

고 자연광을 우선시하는 의료 시설은 환자 만족도와 회복 속도 향상을 보고했다.

자연 요소 외에도 치유 공간은 부드러운 색상, 예술 작품, 은은한 음향을 사용하여 편안하고 안정적인 분위기를 조성한다. 의료 환경에서 색채 심리학의 힘은 과소평가될 수 없으며, 연한 파랑과 녹색과 같은 특정 색조는 평온과 휴식의 느낌을 자아낸다고 알려져 있다. 신중하게 선별된 예술 작품과 자연에서 영감을 받은 이미지는 환자를 더 평화로운 정신 상태로 이끌 수 있으며, 흡음 재료와 백색 소음의 사용은 소음의 영향을 최소화하고 더 차분한 환경을 조성할 수 있다.

치유 공간의 설계에서는 개인 공간과 프라이버시의 중요성도 고려된다. 1인실과 중증도 적응형 공간(acuity-adaptable spaces)은 환자의 상태 변화에 따라 공간의 용도와 기능을 조정할 수 있는 유연한 공간으로 이러한 공간은 환자의 이동을 최소화하고, 필요한 의료 서비스를 한 장소에서 제공할 수 있도록 설계된다. 환자에게 통제감과 자율성을 제공하여 공유 시설과 관련된 스트레스와 불안을 줄여주고, 이러한 사적 공간은 또한 환자와 의료진 간의 의사소통을 촉진하여 결과를 개선하고 만족도를 높인다.

궁극적으로 치유 공간의 성공은 전체론적 접근 방식을 채택하여 환자, 가족, 직원의 신체적, 정서적, 영적 요구를 해결하는 능력에 달려 있다. 유대감, 지원, 안녕감을 촉진하는 환경을 조성함으로써 의료 시설은 치유 과정에 적극적인 역할을 할 수 있으며, 개인이 더 큰 용이성과 회복력으로 회복을 향한 여정을 헤쳐 나갈 수 있도록 힘을 실어줄 수 있다.

치유 공간의 설계는 의료 환경과 관련되는 경우가 많지만, 신경건축학의 원리는 우리의 개인 생활 공간에도 적용될 수 있다. 우리의 집은 외부 세계의 스트레스로부터 피난처를 찾는 곳이다. 의도적으로 정서를 회복시키는 공간을 우리 집 안에 만듦으로써 우리는 매일 안녕감을 배양하고 정신 건강을 증진할 수 있다.

정서적으로 회복을 촉진하는 공간의 핵심 요소 중 하나는 자연 요소와 바이오필릭 디자인 biophilic design 의 통합이다. 자연광을 최대화하고, 실내 식물을 도입하며, 목재와 석재와 같은 유기적인 재료를 활용함으로써 우리는 도시 주거지 내에서도 자연 세계와의 연결 감각을 만들어낼 수 있다. 녹지와 자연 질감의 존재는 스트레스 수준을 낮추고, 공기 질을 개선하며, 평온함과 안녕감을 촉진하는 것으로 나타났다.

색상과 질감의 사용 또한 정서적으로 회복을 촉진하는 공간 조성에 중요한 역할을 한다. 연한 파랑, 은은한 녹색, 부드러운 회색과 같은 부드럽고 차분한 색조는 평온과 휴식의 느낌을 불러일으킬 수 있으며, 파스텔 톤과 중립적인 악센트 컬러는 공간에 깊이와 따뜻함을 더할 수 있다. 부드러운 카펫, 아늑한 담요, 편안한 가구와 같은 푹신한 질감의 사용은 촉각적인 안락함과 안전감을 만들어 우리의 긴장을 풀고 하루의 스트레스를 내려놓게 한다.

조명은 정서적으로 회복을 촉진하는 공간을 만드는 데 또 다른 필수 요소이다. 강렬하고 인위적인 조명 대신 부드럽고 따뜻한 조명을 선택함으로써 우리는 편안함과 평온함을 촉진하는 아늑하고 초대하는 분위기를 만들 수 있다. 전략적인 조명 배치와 조광 스위치의 사용은 우리가 기분과 활동에 맞게 조명을 조정하여 정서적 요구에 반응하는 유연하고 적응 가능한 환경을 만들 수 있게 해준다.

디자인의 물리적 요소 외에도 정서적으로 회복을 촉진하는 공간에는 개인적인 터치와 의미 있는 물건이 포함되어야 한다. 소중한 사진, 예술 작품, 기념품으로 자신을 둘러싸면 긍정적인 기억과 유대감을 불러일으켜 우리 삶에 기쁨과 성취감을 가져다주는 사람들과 경험을 상기시킬 수 있다. 의도와 관심을 가지고 생활 공간을 꾸밈으로써 우리는 우리의 가치, 열정, 포부를 반영하는 환경을 만들어 진정성과 소속감을 기를 수 있다.

마지막으로 정서적으로 회복을 촉진하는 공간은 유연하고 적응력이 있어야 하며, 우리의 요구와 상황이 변함에 따라 주변 환경을 형성하고 수정할 수 있어야 한다. 다기능 가구, 모듈식 수납 솔루션, 조절 가능한 레이아웃의 사용은 조용한 성찰과 명상에서부터 활기찬 사교 모임과 창의적인 추구에 이르기까지 다양한 목적에 부합하는 공간을 만들 수 있게 해준다. 유연성을 염두에 두고 우리 집을 설계함으로써 우리는 생활 공간이 우리와 함께 진화하고 성장하여 인생의 다양한 단계에서 정서적 안녕을 뒷받침할 수 있도록 보장할 수 있다.

마음을 치유하는 공간의 언어는 건축, 심리학, 인간 경험 사이의 상호 작용에 대한 깊은 이해를 필요로 하는 복잡하고 다면적인 언어이다. 우리가 현대 생활의 도전과 불확실성을 헤쳐 나감에 따라 공공 및 개인 환경 모두에서 정서적으로 회복을 촉진하는 공간을 만드는 것의 중요성은 과소평가될 수 없다. 신경건축학의 힘을 활용하고 우리의 정신적 안녕을 육성하고 지원하는 환경을 설계함으로써 우리는 더 큰 회복력, 행복, 성취감을 키울 수 있다.

## 우울한 공간이 우울증을 부른다?

우울한 공간이 우울증을 유발할 수 있을까? 우리가 일상적으로 머무는 공간, 집, 직장, 공공장소 등은 우리의 감정 상태와 전반적인 정신건강에 지대한 영향을 미친다. 이 장에서는 우울증 증상에 기여하거나 완화시킬 수 있는 건축 요소를 탐구하고, 입주자의 안녕을 최우선으로 하는 정신건강 친화적 공간을 살펴보고자 한다.

정신적 안녕을 증진하는 환경을 조성할 때 자연광의 힘은 아무리 강조해도 지나치지 않다. 햇빛에 노출되면 일주기 리듬을 조절하는 데 도움이 되는데, 이는 건강한 수면-각성 주기를 유지하고 기분을 안정시키는 데 중요한 역할을 한다. 큰 창문, 채광창, 광정(光井) 등을 설계에 도입하여 실내 공간에 기분을 좋게 만드는 주광이 가득 차도록 함으로써 자연광의 이점을 활용할 수 있다. 그러나 인공조명의 과도한 사용은 우리의 내부 시계를 교란시키고 스트레스 수준을 높일 수 있으므로 자연광과 인공조명의 균형을 맞추는 것도 중요하다.

아침에 비치는 푸른 계열의 빛은 태양과 가까워 빛의 파장이 짧고, 파장이 짧은 빛은 멜라토닌의 분비를 억제하여 잠을 깨운다. 저녁에 비치는 붉은 계열의 빛은 태양과 멀어져 빛의 파장이 길고, 파장이 긴 붉은 빛은 멜라토닌의 분비를 증가시켜 잠이 들게 한다. 일반적으로 핸드폰과 같은 전자기기에서 발생되는 블루라이트는 멜라토닌의 분비를 억제한다. 따라서 스트레스를 줄이고, 숙면을 도우며, 신체의 바이오리듬을 개선하고 싶다면 빛의 색상을 적절하게 조절하여 우리의 정신과 건강을 회복시킬 수 있다.

색채는 신경건축학 도구 상자에서 또 다른 핵심 요소로, 특정 감정 반응을 유발하고 생리적 상태에 영향을 미칠 수 있다. 진정을 유도하는 푸른색조와 같은 차분한 색상을 사려 깊게 적용하면 편안함과 정신적 안녕을 촉진하는 환경을 만들 수 있다. 반대로 강렬하거나 지나치게 자극적인 색상을 과도하게 사용하면 불안과 불편함을 야기할 수 있다. 색채의 심리적 영향을 이해함으로써 우울증 증상 완화에 도움이 되는 편안함과 평온함을 제공하는 공간을 구성할 수 있다.

| 건축 요소 | 영향 | 기전 |
|---|---|---|
| 자연광 | 스트레스 감소, 기분 개선 | 자연광은 인체의 생체리듬을 조절하고 세로토닌 수치를 증가시켜 기분을 개선하고 수면의 질을 높입니다. |
| 색채 | 감정 조절, 기분 변화 | 색채는 심리적 반응을 유발하여 편안함, 활기 또는 긴장감을 조절하는 역할을 합니다. 예를 들어, 파란색과 녹색은 안정감을 주고, 빨간색은 에너지를 부여할 수 있습니다. |
| 공간 배치 | 집중력 향상, 스트레스 관리 | 공간의 배치는 개인의 활동에 맞춰 구성되며, 열린 공간은 사회적 상호작용을 촉진하고, 분리된 공간은 개인의 집중과 휴식을 돕습니다. |
| 자연 요소 | 정서 안정, 긍정적 감정 증진 | 자연 요소는 환경의 심미적 아름다움을 향상시키고, 스트레스 완화 및 정서적 안정에 기여합니다. 예를 들어, 실내 식물은 공기를 정화하고 긴장을 완화시킬 수 있습니다. |
| 소음 감소 | 스트레스 감소, 집중력 향상 | 음향 설계를 통해 소음을 효과적으로 제어함으로써 스트레스 수준을 낮추고, 편안한 환경에서는 집중력과 생산성이 향상됩니다. |

건축 요소가 정신건강에 미치는 영향

우리를 둘러싼 환경의 공간 배치 또한 정신건강에 중요한 역할을 한다. 개방적이고 넓은 공간은 자유로움을 느끼게 하고 감각 과부하를 줄여주어 평온함과 질서감을 촉진한다. 반면에 더 아늑하고 폐쇄적인 공간은 안전감과 편안함을 제공할 수 있는데, 이는 특히 집중력과 조용한 성찰을 필요로 하는 작업에 중요하다. 접근성은 능력이나 배경에 관계없이 모든 사람의 요구를 수용하는 포용적 공간을 만드는 데 있어 또 다른 중요한 요소이다. 접근성을 우선시하는 환경을 설계함으로써 소속감을 조성하고 우울증의 흔한 촉발 요인인 고립감과 소외감을 줄일 수 있다.

자연을 건축 환경에 통합하는 것은 스트레스를 줄이고 전반적인 안녕을 향상시킬 수 있는 잠재력 때문에 바이오필릭 디자인을 선호한다. 녹색 벽, 수직 정원, 야외 경관 등 자연 요소를 도입하면 인간과 자연 세계 사이의 타고난 연결 고리를 재정립하는 데 도움이 된다. 이러한 연결은 불안과 우울증 증상을 줄이는 동시에 인지 기능과 창의력을 높이는 등 정신건강에 심오한 영향을 미치는 것으로 나타났다. 생활공간과 업무공간에 자연을 들여옴으로써 치유와 회복을 촉진하는 환경을 조성할 수 있다.

신경과학적 통찰은 뇌가 건축 환경을 어떻게 인식하고 반응하는지에 대한 우리의 이해를 혁신했다. 전대상피질$^{ACC}$과 해마방회$^{PPA}$는 공간 정보를 처리하고 주변 환경에 정서적 연결을 형성하는 데 중요한 역할을 하는 두 개의 뇌 영역이다. 이러한 신경 네트워크의 복잡성을 이해함으로써 우리의 가장 깊은 심리적 요구에 부응하는 공간을 설계하여 소속감과 안녕감을 조성할 수 있다.

신경건축학의 실제 적용 범위는 광범위하고 다양하며, 학교, 병원, 직장을 설계하는 방식을 변화시킬 잠재력을 지니고 있다. 교육 환경에서 신경건축학 원리를 도입하면 학생들의 인지 능력을 높이고 정신적 안녕을 증진시켜 학습과 개인적 성장을 지원하는 환경을 조성할 수 있다. 마찬가지로 신경건축학을 염두에 두고 설계된 병원은 치유를 촉진하고 스트레스를 줄이는 공간을 만들어 환자의 예후를 크게 개선할 수 있다. 직장에서는 사려 깊은 건축 설계가 창의성, 협업, 전반적인 직무 만족도를 높여 직원들의 정신건강과 안녕을 향상시킬 수 있다.

정신건강 친화적 공간의 실제 사례는 신경건축학의 변혁적 힘을 보여준다. 캐나다 토론토의 마이클 개런 병원 Michael Garron Hospital 은 B+H 건축사무소가 설계한 것으로, 환자 중심의 치료 환경을 조성하는 데 중점을 두고 설계되었다. 자연채광과 식물, 자연 경관, 천연 목재 마감 등 풍부한 자연 요소를 도입하여 따뜻하고 친근한 분위기를 조성함으로써 치유와 안녕을 촉진한다. 또한 병원의 내부 공간은 유연하게 설계되어 단순화된 구조이며 환경친화적으로 설계되었다.

주거 환경에서는 정신건강과 안녕을 최우선으로 하는 공간을 만들기 위해 신경건축학의 원리를 적용할 수 있다. 고품질 매트리스와 인체공학적 의자 등 실용적인 가구는 수면의 질을 높이고 신체적 부담을 줄이는 데 도움이 된다. 한편 자연광의 전략적 활용과 소음 저감 기법은 평온하고 회복을 촉진하는 환경을 조성할 수 있다. 정리정돈과 실내 식물, 자연에서 영감을 받은 예술품 등 바이오필릭 요소를 도입하면 잘 설계된 생활공간의 인지적, 정서적 이점을 더욱 향상시킬 수 있다.

신경건축학은 건축 환경과 정신건강 사이의 복잡한 관계를 조명하는 강력한 렌즈를 제공한다. 건축 요소가 우울증 증상에 기여하거나 완화시킬 수 있는 방식을 이해함으로써 소속감과 유대감을 조성하는 공간을 만들 수 있다. 신경건축학 원리를 사려 깊게 적용하면 가정, 직장, 학교, 병원 등 우리가 머무는 공간을 정신건강 문제에 직면했을 때 치유, 성장, 회복력을 촉진하는 환경으로 변모시킬 수 있는 기회를 얻게 된다. 신경건축학의 새로운 지평을 계속 탐구하면서, 우리는 주변 세계를 설계하고 경험하는 방식을 혁신하고 정신건강과 안녕을 추구하는 데 있어 건축환경을 필요에 따라 조절할 수 있다.

# 스트레스를 줄이는 인테리어 디자인

우리는 매일 다양한 공간에서 시간을 보내며, 그 공간의 특성에 따라 감정과 생각, 행동이 달라진다. 특히 현대인들은 바쁜 일상 속에서 스트레스와 감정 조절의 어려움을 겪고 있어, 삶의 터전인 주거 공간의 중요성이 더욱 강조되고 있다. 인테리어 디자인은 단순히 미적 가치를 추구하는 것을 넘어, 거주자의 정서적 안정과 스트레스 감소에 기여할 수 있어야 한다.

색채 심리학은 인테리어 디자인에서 스트레스 감소를 위해 활용되는 핵심 요소 중 하나이다. 뉴트럴 톤의 색상과 부드러운 파스텔 톤은 차분하고 안정적인 분위기를 연출하여 심리적 안정을 촉진한다. 블루, 그린, 그레이, 어스 톤 등의 색상은 마음을 진정시키고 평온함을 유도하는 효과가 있다. 이러한 색상을 벽면이나 가구, 소품에 적용함으로써 스트레스 감소에 도움이 되는 공간을 만들 수 있다.

조명 또한 스트레스 감소에 중요한 역할을 한다. 자연광을 최대한 활용하여 밝고 쾌적한 실내 환경을 조성하는 것이 좋다. 커튼이나 블라인드를 통해 빛의 양을 조절하고, 부드러운 분위기를 연출할 수 있는 간접조명을 활용하는 것도 효과적이다. 플로어 램프나 테이블 램프 등의 소프트한 조명은 편안하고 아늑한 분위기를 만들어 주며, 눈의 피로를 줄여준다. 반면, 너무 강한 조명은 스트레스를 유발할 수 있으므로 주의해야 한다.

정리정돈과 마음을 담은 데코레이션도 감정 조절에 도움이 된다. 잡동사니가 없는 깔끔한 공간은 스트레스와 불안감을 줄이고 평온함을 느끼게 해준다. 러그나 쿠션 등 다양한 질감의 소재를 활용하여 층위감을 주면 안락하고 편안한 느낌을 줄 수 있다. 또한 식물을 들여 자연의 느낌을 실내에서 느낄 수 있도록 하는 것도 좋은 방법이다. 식물은 공기 정화 효과가 있을 뿐만 아니라 심리적 안정감을 주기도 한다. 개인적으로 의미 있는 물건들을 공간에 배치하면 정서적 유대감을 느낄 수 있고, 캔들이나 아로마 등을 활용하면 이완과 휴식을 취하기에 좋은 환경을 만들 수 있다.

 나아가 명상이나 요가 등 마음챙김 활동을 위한 전용 공간을 마련하는 것도 좋다. 이러한 공간은 차분한 색상과 부드러운 조명, 최소한의 장식으로 꾸며 집중력을 높이고 심신의 안정을 도모할 수 있다. 식물이나 작은 분수 등 자연적 요소를 도입하면 더욱 평화로운 분위기를 자아낼 수 있다. 명상이나 요가에 적합한 편안한 쿠션이나 의자를 비치하여 이 공간에서 시간을 보내며 마음의 평화를 되찾을 수 있도록 한다. 이런 공간은 주거 공간 내에서도 한적한 곳에 마련하여 방해받지 않고 온전히 자신에게 집중할 수 있도록 하는 것이 좋다. 강원도 원주에 위치하고 안도 타다오가 설계한 뮤지엄 산의 명상관은 자연의 흐름을 자연스럽게 느낄 수 있도록 가운데 중심부분을 조명이 아닌 유리로 설계하여 실내에서 외부 자연경관을 바라볼 수 있도록하고, 자연이 주는 영향을 온전히 받아들임으로써 심신의 안정을 가져다준다.

 우리의 주거 공간은 단순히 일상의 피로를 풀고 휴식을 취하는 곳을 넘어, 마음의 안식처이자 재충전의 장소가 되어야 한다. 색채, 조명, 마감재, 가구와 소품 등 인테리어 디자인의 각 요소를 전략적으로 활용하여 스트레스를 감소시키고 정서적 안정을 도모할 수 있다. 더불어 명상과 요가를 위한 전용 공간을 마련하여 일상에서 마음챙김의 시간을

주거 공간 내에 스트레스 감소를 위한 요소들을 적용한 인테리어 디자인

가질 수 있도록 하는 것도 중요하다. 이처럼 스트레스 감소와 감정 조절을 위한 인테리어 디자인 전략을 통해 우리는 바쁘고 힘든 일상 속에서도 균형과 안정을 되찾고, 행복하고 건강한 삶을 영위할 수 있을 것이다. 주거 공간이 우리의 삶에 미치는 영향을 인지하고, 공간 디자인을 통해 스트레스를 관리하고 정서적 안녕을 추구하는 것은 현대인들에게 매우 필요한 과제라 할 수 있다.

## 뇌가 평온해지는 컬러 테라피

　색채는 우리의 감정과 정서에 깊은 영향을 미치며, 그 중에서도 특히 공간의 색채는 사람들의 심리 상태와 감정 조절에 중요한 역할을 한다. 색채심리학과 신경건축학의 교차점에서 정서 안정을 위한 공간을 디자인하는 것은 건축학에서 매우 흥미롭고 잠재력 있는 분야이다.

　정서적으로 안정감을 주는 공간을 만들기 위해서는 색채가 우리의 심리와 생리에 미치는 영향을 이해하는 것이 필수적이다. 푸른색과 녹색과 같은 차가운 색상은 진정과 평화로움을 불러일으키는 특성이 있어 호흡과 혈압을 낮추고, 편안하고 평온한 분위기를 조성한다. 침실, 거실, 휴식과 재충전을 위한 공간에는 푸른색과 녹색이 안정감을 더해줄 수 있다.

정서적 안정감을 주는 색상 팔레트 예시:
푸른색과 녹색 계열: 안정감, 평온함, 진정 효과

라벤더와 보라색 계열의 색상 또한 차분함과 균형을 가져다주는 능력이 있다. 이러한 색상은 창의성, 상상력, 내면 탐구와 연결되어 있어 개인의 내면 세계로 들어가 위안을 찾고자 하는 공간에 이상적이다. 침실, 공용 거실, 창작 활동을 위한 공간에 라벤더와 보라색 톤을 활용하

정서적 안정감을 주는 색상 팔레트 예시:
라벤더와 보라색 계열: 창의성, 상상력, 균형감

면 마음과 영혼을 길러주는 환경을 만들 수 있다.

반면에 노란색과 주황색과 같은 따뜻한 색상은 에너지, 낙관성, 활력을 발산한다. 이러한 색상은 정신 활동을 자극하고 근육 에너지를 증진시켜 업무 공간, 주방, 동기부여와 긍정적인 분위기가 필요한 곳에 완벽하게 어울린다. 노란색과 주황색의 빛나는 온기는 정신을 고양시키고 생산성을 고취시켜 활기찬 분위기를 만들어낸다.

그러나 정서적 안정감을 주는 공간에 빨간색을 도입할 때는 주의를 기울일 필요가 있다. 빨간색은 확실히 에너지 수준을 높이고 감각을 자극할 수 있지만, 과도하게 사용되면 과도한 자극과 동요를 일으킬 수 있기 때문이다. 휴식과 평온함이 최우선인 공간에서는 빨간색을 제한적

정서적 안정감을 주는 색상 팔레트 예시:
노란색과 주황색 계열: 에너지 부여, 긍정성, 활력

으로 사용하는 것이 바람직하다.

 한편, 흰색과 회색과 같은 중립색은 균형 잡히고 다재다능한 기반을 만드는 데 중추적인 역할을 한다. 흰색은 청결함, 질서, 안전, 밝음의 느낌을 불러일으키며 시각적으로 공간을 확장하고 다른 색상이 빛날 수 있는 백지와 같은 역할을 한다. 회색은 시대를 초월한 실용적인 배경을 제공하지만, 때로는 다른 색상이 가져다주는 창의성과 에너지가 부족할 수 있다. 흰색과 회색을 신중하게 선택한 강조색과 결합하면 집이나 사무실의 모든 공간에 적합한 조화로운 균형을 이룰 수 있다.

정서적 안정감을 주는 색상 팔레트 예시:
흰색과 회색 계열: 중립적이고 다양한 색상과의 조화

 정서적으로 안정된 공간을 디자인할 때는 색상의 상호작용과 그것들이 어떻게 조화를 이루며 통합된 환경을 만드는지 고려하는 것이 중요하다. 단색 배색은 한 가지 색상의 다양한 음영을 사용하여 시각적으로 매력적이고 안정감 있는 분위기를 연출할 수 있다. 반면에 상호보완색 배색은 색상환에서 서로 반대되는 색상을 조합하여 역동적이고 매력적인 대비 효과를 만들어낸다. 유사색 배색은 색상환에서 인접한 색상을 사용하여 부드럽고 일관된 모습을 만들어내며 시각적으로 유쾌한 느낌을 준다.

조명 또한 색상이 공간 내에서 인지되고 경험되는 방식에 중요한 역할을 한다. 자연광은 방의 분위기와 분위기를 변화시킬 수 있는 힘이 있어 정서적으로 안정된 환경에서 색채심리학의 긍정적인 효과를 증폭시킨다. 자연광을 최대한 활용하기 위해 가구를 배치하고 밝은 색상의 커튼이나 블라인드를 사용하는 것이 도움이 될 수 있다.

개인의 선호도와 문화적 연상작용이 서로 다른 색상에 대한 반응에 크게 영향을 미칠 수 있다는 점을 기억하는 것이 중요하다. 어떤 사람에게는 차분하고 편안할 수 있는 것이 다른 사람에게는 불안하거나 영감을 주지 못할 수도 있다. 정서적으로 안정된 공간을 디자인할 때는 의도된 사용자의 고유한 요구사항, 선호도, 문화적 배경을 고려하는 것이 필수적이다.

색상을 사려 깊게 선택하고 조합함으로써 감정적 균형, 정신적 웰빙, 전반적인 행복을 촉진하는 환경을 만들 수 있다. 색채심리학의 힘은 우리의 기분, 감정, 행동에 미묘한 영향을 줌으로써 우리가 주변의 공간을 경험하고 상호작용하는 방식을 형성하는 능력에 있다.

정서적으로 안정된 공간 디자인에 색채치료의 원리를 이해하고 적용함으로써 우리는 몸과 마음, 영혼을 길러주는 환경을 만들 수 있다. 색채의 전략적 사용을 통해 우리는 사람들이 거주하는 공간에서 평온함, 균형, 정서적 안녕감을 조성하는 데 긍정적인 영향을 미칠 수 있는 기회를 가지고 있다.

신경건축학 분야는 디자인의 미래를 형성하는 데 엄청난 잠재력을 가지고 있으며, 색채심리학은 그 잠재력을 열어줄 핵심 요소이다. 색상이 감정과 웰빙에 미치는 심오한 영향을 계속 탐구하고 이해해 나감에 따라, 단순히 보호와 기능성만 제공하는 것이 아니라 정서적 치유, 개인적 성장, 삶의 질 향상을 위한 촉매제 역할을 하는 공간을 만들 수 있게 된다.

스트레스, 불안, 정서적 격변이 너무나 흔한 세상에서 정서적으로 안정된 공간을 디자인하는 것의 중요성은 아무리 강조해도 지나치지 않다. 색채심리학의 힘을 활용함으로써 우리는 휴식, 재충전, 소속감을 제공하는 환경을 만들 수 있는 기회를 가지고 있다. 우리는 거주하는 사람들의 정서적 안녕을 증진하는 방식으로 건축 환경을 형성할 책임이 있다.

다양한 분야에 걸친 지속적인 연구, 실험, 협업을 통해 우리는 색상, 감정, 건축 환경 사이의 복잡한 관계에 대한 이해를 심화시킬 수 있다. 색채치료의 원칙을 신경건축학의 실천에 통합함으로써 기능적 목적을 위해서만이 아니라 개인과 공동체의 정서적 안녕과 행복에 기여하는 공간을 만들 수 있다.

몸과 마음, 영혼을 길러주는 환경을 설계함으로써 우리는 더 밝고 조화로운 미래, 즉 우리가 거주하는 공간이 단순한 구조물이 아니라 정서적 안녕과 행복의 진정한 안식처가 되는 미래에 기여할 수 있다.

## 우울증, 공간 디자인으로 극복하기

우울증을 극복하고 정신 건강을 증진시키기 위해서는 안정감과 평온함을 주는 주거 환경을 조성하는 것이 무엇보다 중요하다. 색채, 조명, 가구 배치, 소재 선택 등 다양한 건축 요소를 전략적으로 활용함으로써 스트레스를 완화하고 긍정적인 정서를 고양하는 치유의 공간을 만들어낼 수 있다.

우울증 극복에 도움이 되는 공간을 디자인할 때 가장 먼저 고려해야 할 요소는 색채이다. 파랑, 초록, 회색 등의 차가운 색조는 마음을 진정시키고 평온함을 주는 효과가 있다. 이러한 색상들은 광활한 하늘, 울창한 숲, 잔잔한 물결 등 자연의 이미지를 연상시켜 심리적 안정감을 제공한다. 벽면 색채, 섬유, 장식 요소 등에 이러한 차분한 톤을 활용하면 시각적으로 편안한 환경을 연출할 수 있다.

색채와 더불어 조명 또한 정서적 분위기 조성에 결정적인 역할을 한다. 햇빛 노출은 기분을 향상시키고 수면 리듬을 조절하며 우울증 증상을 완화하는 데 도움이 된다. 자연광이 실내로 충분히 들어올 수 있도록 가구를 배치하고 밝은 색상의 커튼이나 블라인드를 사용하는 것이 좋다. 인공조명의 경우에는 자연광의 은은한 느낌을 재현하는 부드럽고 따뜻한 색조를 선택하는 것이 바람직하다. 전체적인 조도, 국부 조명, 액센트 조명 등을 적절히 조합하여 공간의 분위기와 기능성을 조절할 수 있다.

가구의 배치와 선택 또한 공간의 전반적인 평온함에 기여한다. 균형 잡힌 레이아웃과 원활한 동선을 고려한 공간 계획이 필요하다. 과도한 장식이나 혼잡함은 스트레스와 압박감을 유발할 수 있으므로 최소한의 필수 가구만을 배치하는 것이 좋다. 편안한 의자나 아늑한 독서 공간 등 휴식과 재충전을 위한 장소를 마련하는 것도 중요하다.

섬유와 소재의 선택 역시 촉각적 경험을 통해 심리적 안정감을 제공한다. 면, 린넨, 울 등 부드럽고 자연스러운 소재는 편안함과 안정감을 주며, 푹신한 카펫이나 러그는 보행 시 쿠션감과 온기를 제공한다. 공기 정화와 정서적 안정을 위해 식물을 실내에 배치하는 것도 효과적이다. 자연의 요소를 실내로 들임으로써 스트레스 수준을 낮추고 심리적 안녕감을 증진시킬 수 있다.

 예술작품과 장식 요소 또한 시각적 위안과 영감을 제공하는 강력한 도구가 될 수 있다. 평화로운 호수, 우거진 숲, 고요한 바다 등 평온한 풍경을 묘사한 작품은 마음의 안식처가 되어준다. 긍정적인 메시지나 격려의 문구를 담은 아트워크나 장식품은 자기 연민과 회복탄력성을 기를 수 있는 동기부여가 된다.

 심미성 외에도 공간의 기능성과 정리정돈이 평온한 주거 환경 조성의 핵심 요소이다. 깔끔하게 정돈된 공간은 시각적 매력뿐만 아니라 정신적 명료함을 제공한다. 효율적인 수납 시스템을 도입하고 물건의 지정 보관 장소를 마련함으로써 일상의 스트레스를 최소화할 수 있다. 집안에 질서와 목적의식을 부여함으로써 환경에 대한 통제력을 높일 수 있다.

 숙면이 우울증 관리에 필수적인 요소인 만큼, 침실 공간의 환경 최적화는 특히 중요하다. 어둡고 서늘하며 조용한 분위기 조성이 건강한 수면 리듬 형성에 도움이 된다. 암막 커튼이나 블라인드로 외부 빛을 차단하고, 선풍기나 에어컨을 활용해 쾌적한 온도를 유지하는 것이 좋다. 수면의 질을 높이기 위해 편안한 매트리스와 침구에 투자하고, 침실 공간을 물건과 전자기기가 없는 휴식의 성소로 유지하는 것이 바람직하다. 잠들기 전 핸드폰의 사용은 멜라토닌 분비를 감소시켜 잠을 깨우게 만든다. 따라서 수명 리듬을 형성하고, 숙면을 유도하기 위해서는 멜라토닌의 분비를 증가시키는 환경을 만들어야 한다.

차분하고 평온한 분위기 연출을 위한 컬러 팔레트로는 연한 파스텔 톤의 블루, 그린, 그레이 계열이 적합하다. 벽면 컬러와 직물, 가구에 이러한 색상을 활용하면 마음을 안정시키고 긴장을 해소하는 데 도움이 된다. 전체적으로 밝고 화사한 분위기를 연출하되, 지나치게 자극적이거나 어두운 색상은 피하는 것이 좋다

자연과의 교감을 통해 심신의 안정을 도모하는 바이오필릭 디자인 biophilic design은 우울증 증상 완화에 효과적이다. 식물, 자연 소재, 자연을 모티브로 한 색채를 실내에 도입함으로써 자연과의 조화와 유대

감을 형성할 수 있다. 자연광, 녹음, 물의 요소 등은 심신을 평온하게 만들고 스트레스 수준을 낮추는 역할을 한다.

결국 정신 건강과 행복을 지원하는 주거 환경을 디자인하기 위해서는 다양한 건축 요소들의 상호작용을 고려한 통합적 접근이 필요하다. 휴식, 편안함, 자연과의 연결성을 증진하는 공간을 전략적으로 구성함으로써 치유와 회복을 위한 기반을 마련할 수 있다. 색채, 가구 배치, 자연 요소의 활용 등을 통해 우리는 정서적, 심리적 경험을 형성하는 공간의 힘을 발휘할 수 있다.

현대 생활의 과도한 요구와 스트레스가 만연한 세상에서 정신 건강을 우선시하는 주거 환경 조성의 중요성은 아무리 강조해도 지나치지 않다. 평온함, 이완, 웰빙을 촉진하는 공간을 의도적으로 디자인함으로써 우리는 삶의 도전과제에 맞서 회복탄력성과 행복을 증진할 수 있는 토대를 마련할 수 있고, 거주자의 마음과 영혼을 치유하는 안식처로서의 주거 공간을 창조할 수 있다.

뇌과학, 심리학, 건축학의 교차점을 탐구하면서 우리는 정신 건강과 전반적인 웰빙을 지원하기 위해 주변 환경의 힘을 활용하는 새로운 방법을 모색하게 된다. 우리의 정신을 보살피는 주거 환경을 설계함으로써, 우리는 내면의 평화와 회복탄력성을 함양할 수 있다. 이는 단순히 개인의 삶을 개선하는 데 그치지 않고, 건축 환경이 치유와 성장, 인간 번영의 촉매제로 기능하는 세상을 만드는 데 기여하게 될 것이다.

## 행복한 뇌를 위한 행복한 공간 만들기

공간이 우리의 삶에 미치는 영향은 단순히 물리적인 차원을 넘어선다. 우리가 머무는 공간은 우리의 감정과 정서에 지대한 영향을 끼치며, 궁극적으로 우리의 행복과 건강을 좌우하는 중요한 요소로 작용한다.

행복한 공간 디자인의 힘은 감정을 불러일으키고 시각적으로 매력적인 환경을 조성하여 웰빙을 증진시키는 데 있다. 균형, 조화, 시각적 위계, 색채, 질감, 조명 등의 요소를 전략적으로 활용함으로써 개인의 깊은 내면에 공감할 수 있는 공간을 만들어낼 수 있다.

빛과 그림자의 교차가 매혹적인 춤사위를 만들어내는 방에 들어서 보라. 그 춤은 여러분의 시선을 가장 중요한 특징으로 이끌 것이다. 신중하게 선택된 색채 팔레트는 여러분을 따뜻함과 편안함으로 감싸 안을 것이며, 균형 잡힌 요소의 배치는 안정감과 질서를 불어넣을 것이다. 이것이 바로 행복한 공간 디자인의 본질이다. 시각적 요소를 효과적으로 조율하여 특정한 감정적 반응을 이끌어내는 예술인 것이다.

행복한 공간 디자인의 핵심 원칙 중 하나는 긍정 공간과 부정 공간 사이의 균형을 달성하는 것이다. 이러한 섬세한 균형은 대칭, 리듬, 그리고 요소의 사려 깊은 배치를 통해 달성할 수 있다. 클로드 모네의 "엡트 강가의 포플러"가 나무라는 공간과 하늘이라는 공간의 균형을 훌륭하게 잡았듯이, 디자이너는 채워진 공간과 빈 공간의 상호작용을 신중하게 고려함으로써 조화를 창출할 수 있다.

시각적 위계 또한 행복한 공간 디자인의 또 다른 중요한 측면이다. 요소들을 명확한 중요도 순서로 구성함으로써 관람자의 주의를 구성의 가장 중요한 측면으로 유도할 수 있다. 이는 크기, 색채, 배치의 전략적 사용을 통해 달성될 수 있으며, 의도된 메시지나 초점이 효과적으로 전달되도록 보장한다.

색채는 감정을 불러일으키는 데 중요한 역할을 한다. 주황색과 빨간색 같은 따뜻한 색채는 에너지와 흥분의 감정을 불러일으킬 수 있는 반면, 파란색과 초록색 같은 차가운 색채는 평온함과 휴식의 감정을 불러일으킬 수 있다. 색채 팔레트를 신중하게 선정함으로써 디자이너는 활기차고 편안함 등 원하는 감정적 톤에 맞는 환경을 조성할 수 있다.

질감과 패턴은 디자인에 깊이와 시각적 흥미를 더하여 순수하게 시각적인 영역을 넘어 관람자의 감각을 사로잡는다. 예를 들어, 매끄러운 질감과 거친 질감의 병치는 탐색과 상호작용을 유도하는 매혹적인 대조를 만들어낼 수 있다. 유기적이든 기하학적이든 패턴은 리듬감과 움직임을 도입하여 디자인의 감정적 영향을 더욱 강화할 수 있다.

자연광과 인공 조명 모두 공간의 분위기를 형성하는 데 중요한 역할을 한다. 자연광은 웰빙과 외부 세계와의 연결 감정을 증진시키는 힘이 있는 반면, 인공 조명은 특정 분위기를 연출하거나 핵심 요소를 강조하도록 조작될 수 있다. 빛과 그림자의 교차는 디자인에 깊이와 입체감을 더할 수 있으며, 몰입적인 경험을 만들어낸다.

식물이나 천연 소재 같은 자연 요소를 통합하면 공간의 감정적 영향을 더욱 강화할 수 있다. 또한, 식물이 가지고 있는 공기정화 기능은 실내에서 발생하는 오염된 공기를 정화해주고, 심신을 안정시켜 준다. 자연 요소를 건축 환경에 통합함으로써 디자이너는 평온함, 활력, 자연 세계와의 연결 감정을 증진하는 공간을 만들 수 있다.

스토리텔링은 행복한 공간 디자인에서 또 다른 강력한 도구이다. 이미지, 상징, 기타 시각적 요소를 사용하여 기억, 열망, 공유된 경험의 감정을 불러일으키면 공간이 가지고 있는 가치를 넘어 의미 있고 기억에 남을 만한 만남으로 공간을 변모시킬 수 있다.

터치 감응 표면이나 반응형 조명 같은 인터랙티브 요소는 참여와 상호작용을 장려함으로써 공간의 감정적 영향을 더욱 강화할 수 있다. 이러한 요소는 주도성과 연결성을 만들어내어 웰빙과 소속감을 더욱 깊게 만들어낼 수 있다.

결론적으로, 행복한 공간 디자인은 긍정적 감정을 불러일으킨다. 균형, 조화, 시각적 위계, 색채, 질감, 조명, 자연 통합, 스토리텔링, 인터랙티비티 등의 원칙을 숙련되게 활용함으로써 사람들의 깊은 내면에 공명하는 공간을 만들어낼 수 있다. 이러한 요소의 심도 있는 조율을 통해 행복한 공간 디자인은 건축 환경을 행복, 창의성, 연결의 촉매제로 변모시킬 수 있는 잠재력을 지니고 있다.

우리가 건축 환경을 거닐 때, 우리의 뇌는 우리를 둘러싼 건축적 자극을 끊임없이 처리하고 있다. 빛과 그림자의 연출에서부터 벽의 곡선과 각도에 이르기까지, 공간의 모든 측면은 강력한 감정적 반응을 불러일으킬 수 있는 잠재력을 지니고 있다. 신경 건축학의 영역은 이러한 복잡한 연결고리를 탐구하며, 우리가 건축 환경을 경험하는 데 있어 근간을 이루는 신경학적 메커니즘을 밝히고 있다.

따스하고 자연스러운 빛으로 가득 찬, 영혼을 즉각적으로 위로하는 색채 팔레트로 이루어진 방에 들어서 보라. 뇌는 이러한 자극을 전방 대상 피질 Anterior Cingulate Cortex, ACC 과 해마방회 Parahippocampal Place Area, PPA 같은 영역을 통해 처리한다. 이러한 영역은 감정 조절과 공간 탐색에 밀접하게 관여하여, 우리가 거주하는 공간과 깊고 의미 있는 연결을 형성할 수 있게 해준다.

거울 뉴런은 우리가 주변 환경과 본능적인 수준에서 시뮬레이션하고 연결할 수 있게 해주는 신비로운 세포이다. 우리가 우리와 공명하는 공간을 만났을 때, 이러한 거울 뉴런이 발화하여 물리적 영역을 초월하는 공감적 반응을 만들어낸다. 이러한 신경학적 건축 환경이 소속감, 편안함, 영감을 느낄 수 있게 해주는 것이다.

행복과 스트레스 감소를 위한 디자인은 신경 건축학의 핵심에 있다. 무성한 식생과 풍부한 자연광 같은 자연의 요소를 통합함으로써 건축가는 휴식을 촉진하고 자연 세계와의 연결감을 주는 공간을 만들 수 있다. 진정을 유도하는 색채의 전략적 사용과 방해가 되는 소음을 최소화하는 것 같은 음향학적 고려는 평화롭고 안락한 환경 조성에 더욱 기여한다.

의료 시설에서 스트레스를 줄이고 웰빙 감각을 증진함으로써 사려 깊게 설계된 공간은 환자의 회복 시간을 단축하고 건강 결과를 개선할 수 있다. 신경 건축학 원칙을 수용하는 교육 환경은 학생들의 집중력과 정보 보유력을 향상시킴으로써 학습과 개인적 성장에 도움이 되는 환경을 조성할 수 있다.

주거 및 상업 공간 또한 신경 건축학의 변혁적 힘에서 자유롭지 않다. 정신적 웰빙과 행복을 뒷받침하는 생활 공간을 설계함으로써 현대 생활의 스트레스로부터 벗어날 수 있는 피난처이자 영혼을 위로하는 성역을 만들 수 있다. 직장에서 신경 건축학은 편안함, 협력, 목적의식을 장려하는 환경을 조성함으로써 생산성과 직원 만족도를 높이는 데 활용될 수 있다.

신경 건축학의 미래는 공간이 단순히 기능만이 아니라 그 안에 거주하는 사람들의 총체적 웰빙을 위해 설계되는 미래이다. 뇌와 건축 환경 사이의 복잡한 관계에 대한 이해를 통해 우리는 인간의 경험을 고양하고 행복, 창의성, 깊은 연결성을 육성하는 공간을 만듦으로써 우리가 공간을 설계하고 경험하는 방식을 혁신할 준비를 하고 있다.

물리적인 것과 심리적인 것의 경계가 점점 더 모호해지는 세상에서 신경 건축학은 희망의 등대로 떠오른다. 그것은 우리가 거주하는 공간뿐만 아니라 우리 존재의 본질 그 자체를 형성하는 디자인의 힘에 대한 증거이다. 우리가 뇌와 건축 환경의 관계에 대한 수수께끼를 계속 풀어 나감에 따라, 우리는 공간을 설계하고 경험하는 방식을 변혁하여 더 행복하고 건강하며 풍요로운 삶을 만들어갈 수 있는 잠재력을 열어줄 것이다.

결국 신경 건축학은 건축 디자인의 진정한 목적을 상기시켜 준다. 그것은 단순히 아름답고 기능적인 공간을 만드는 것이 아니라, 인간 정신을 고양하고 육성하는 환경을 조성하는 것이다. 이는 물리적 영역을 넘어 우리의 내면 세계에 지대한 영향을 미치는 건축의 힘에 대한 인정이다.

신경 건축학의 가능성을 포용함으로써 우리는 건축 환경이 단순한 배경이 아니라 우리 삶의 능동적인 참여자가 될 수 있도록 그 역할을 재정립할 수 있다. 그것은 우리가 일상적으로 상호작용하는 공간이 우리의 정서적, 심리적 웰빙에 미치는 깊은 영향을 인정하는 것이다. 이러한 이해를 바탕으로 우리는 인간 경험을 변화시키고 개인과 공동체 모두의 번영을 촉진하는 환경을 의도적으로 만들어갈 수 있다.

뇌 과학과 건축 디자인의 교차점에 대한 우리의 이해가 깊어질수록, 우리는 그 어느 때보다도 인간 정신에 공명하는 공간을 만들 수 있는 더 나은 위치에 서게 될 것이다. 이는 혁신, 연결, 개인적 성장을 육성하는 한편 현대 생활의 스트레스와 혼란으로부터 피난처를 제공할 수 있는 건축 환경을 향한 길을 열어줄 것이다.

궁극적으로 신경 건축학은 우리에게 깊이 있는 질문을 던진다. 우리가 정말로 중요하게 여기는 것은 무엇인가? 우리는 어떤 유산을 남기고 싶은가? 우리가 만드는 공간은 더 나은 미래, 모두를 위한 더 밝은 내일을 어떻게 형성할 수 있을까? 이러한 질문에 대한 답을 모색함으로써 우리는 단순히 건물이 아니라 희망, 치유, 인간 잠재력의 실현을 위한 기념비를 세우는 여정을 시작하게 된다.

우리가 이 분야의 원칙을 받아들이고 적용함에 따라, 우리는 안녕과 행복을 육성하는 공간을 창조함으로써 개인과 사회 모두를 변화시킬 수 있는 기회를 갖게 된다.

## 내 아이의 감성을 살리는 방 인테리어

공간은 아이의 정서 발달에 지대한 영향을 미친다. 특히 아이가 대부분의 시간을 보내는 자신만의 방은 단순한 취침과 놀이 공간이 아니라, 정서적 성장을 도모하는 신성한 공간으로 여겨져야 한다. 이 장에서는 색채와 패턴의 선택, 가구 배치, 자기표현을 장려하는 요소 등 세 가지 핵심 사항을 중심으로 아이의 정서 발달을 지원하는 공간 디자인에 대해 살펴보고자 한다.

색채와 패턴은 아이에게 안정감을 주고 정서적으로 지지하는 환경을 조성하는 데 결정적인 역할을 한다. 연한 파랑, 초록, 보라 계열의 색상은 평온함, 신뢰, 균형의 감정을 불러일으킬 수 있다. 특히 파랑은 침착함과 안정성과 연관되어 이완을 촉진하는 데 효과적이다. 연한 초록은 조화와 성장을 상징하며, 평화로움과 자연과의 교감을 느끼게 한다. 라벤더 색상은 보라의 부드러운 톤으로, 이완과 진정 효과로 잘 알려져 있다.

패턴의 경우 단순함이 핵심이다. 지나치게 복잡하거나 대담한 패턴은 압도적이고 주의를 분산시킬 수 있는 반면, 잎사귀, 꽃, 부드러운 물결 등 자연에서 영감을 받은 섬세한 디자인은 차분한 분위기 조성에 기여한다. 자연 모티프의 패턴을 활용하면 실내에 야외의 느낌을 더할 수 있어 평온함과 안정감을 높일 수 있다. 공간 전체에 걸쳐 색상과 패턴의 일관성을 유지하는 것이 중요하다.

조명 또한 안락한 분위기를 만드는 데 큰 역할을 한다. 부드럽고 따뜻한 조명은 진정 효과를 높일 수 있는 반면, 강하고 밝은 조명은 자극적이고 방해가 될 수 있다. 하루 중 다양한 조명 레벨을 조절할 수 있도록 디머 스위치나 다중 광원을 고려해 볼 만하다.

색채와 패턴 선택에 관한 일반적인 지침을 따르는 것도 중요하지만, 아이의 개인적 선호도와 문화적 배경을 고려하는 것 또한 필수적이다. 아이가 미리 선택한 옵션 중에서 고르게 하거나 아이의 고유한 관심사를 반영하는 요소를 포함시키는 등 디자인 과정에 아이를 참여시키면 아이가 자신의 공간에 더 큰 유대감과 편안함을 느낄 수 있다.

가구 배치는 안전하고 정서적으로 지지적인 환경을 만드는 또 다른 중요한 요소이다. 최우선 목표는 편안함, 사생활 보호, 안전함을 제공하는 것이다. 아이 방이 주로 침실, 놀이 공간, 또는 두 가지 기능을 모두 수행하는지 공간의 기능을 정의하는 것부터 시작한다. 이는 효과적으로 그 목적에 부합하는 가구 배치를 안내하는 데 도움이 된다.

방 안에 중심 동선이나 구역을 만들면 통합적이고 기능적인 레이아웃을 구축하는 데 도움이 된다. 편안한 휴식 공간이나 놀이 구역을 형

파스텔톤의 색상과 자연 모티프 패턴이 조화를 이루는 아이 방 인테리어 투시도

성하기 위해 가구를 그룹화하되, 각 가구가 그룹 내 다른 가구와 연관성을 갖도록 한다. 이러한 배치는 아이에게 유대감을 높이고 사회적 상호작용을 장려할 수 있다.

텐트와 같이 아이만의 공간이나 스터디룸 형태의 프라이버시 가구는 아이에게 조용하고 보호된 작업 공간을 제공할 수 있다. 이는 특히 아이가 숙제에 집중하거나 혼자만의 활동에 몰두해야 할 때 유용하다.

가구를 배치할 때는 창문과 자연광을 고려해야 한다. 창문 앞에 높은 가구를 배치하면 빛을 가리고 갇힌 느낌을 줄 수 있으므로 피하는 것이 좋다. 다만 필요한 경우 침대와 같은 낮은 가구는 전체적인 개방감을 해치지 않으면서도 창문 앞에 배치할 수 있다.

벽에서 떨어뜨려 가구를 배치하는 것을 두려워하지 말아야 한다. 이 기법은 공간을 비좁게 만들지 않으면서도 방 안에 서로 다른 영역을 정의하는 데 도움이 된다. 단, 아이가 가구에 부딪히지 않고 편안하게 움직일 수 있도록 충분한 공간을 확보해야 하는데, 이는 안전과 이동의 용이성 모두에 있어 매우 중요하다. 궁극적으로 아이만을 위한 개인공간, 즉 프라이버시, 고요함, 친밀함, 편안함이 구현된 공간을 만드는 것이 목표이다. 푹신한 쿠션이 있는 아늑한 독서 공간, 둘러싸인 느낌을 주는 캐노피 침대, 수면을 위한 어둡고 평화로운 환경을 조성하는 암막 커튼 등 세심하게 선택한 가구를 통해 이를 달성할 수 있다.

색채, 패턴, 가구 배치 외에도 자기표현을 장려하는 요소를 포함하는 것이 아이의 정서 발달에 매우 중요하다. 다양한 미술 용품이 구비된 창의력 코너와 같이 미술 활동을 위한 특정 공간을 지정하면 아이가 상상력을 마음껏 발휘하고 자유롭게 자신을 표현할 수 있는 전용 공간을 제공할 수 있다.

벽, 선반, 디지털 디스플레이 등 전시 공간을 마련하면 아이가 자신의 작품을 전시하고 자부심을 느낄 수 있는 기회를 제공한다. 이는 아이의 자신감을 높일 뿐만 아니라 성취감을 키워주고 예술을 통해 계속해서 자신을 표현하도록 격려한다.

플레이도우, 핑거페인트, 나뭇잎과 나뭇가지 같은 자연 소재 등 개방형 재료를 제공하면 아이가 다양한 질감, 색상, 모양을 탐색하고 조작할 수 있다. 이러한 재료는 아이의 상상력과 창의력을 지원하여 독특하고 개성 있는 방식으로 자신을 표현할 수 있게 해준다.

그리기, 페인팅, 조각 등 다양한 미술 활동에 아이를 참여시키면 말로 표현하기 어려운 생각과 감정을 전달하는 데 도움이 된다. 예를 들어, 아이는 특정 사건이나 경험에 대한 감정을 그림으로 표현함으로써 자신의 내면 세계와 감정 상태를 엿볼 수 있는 통찰력을 제공할 수 있다.

특정한 결과나 기대를 강요하지 않고 다양한 예술 형식과 재료를 탐색하고 실험하도록 장려하는 것이 아이의 고유한 스타일과 목소리를 개발하는 데 중요하다. 이는 자기표현과 창의성을 촉진하여 아이가 자신만의 선호도와 열정을 발견할 수 있도록 돕는다.

아이가 비판이나 판단에 대한 두려움 없이 안전하게 자신을 표현할 수 있다고 느끼는 지지적인 환경을 조성하는 것이 필수적이다. 긍정적인 피드백을 제공하고, 개방형 질문을 하며, 아이의 작품에 진심 어린 관심을 보이는 방식으로 이를 달성할 수 있다. 수용과 격려의 분위기를 조성함으로써 아이가 강한 자아감과 자신을 진실되게 표현할 수 있는 자신감을 기를 수 있도록 도울 수 있다.

결론적으로 아이의 정서 발달을 지원하는 공간 디자인은 색채, 패턴, 가구 배치, 자기표현을 장려하는 요소에 대한 심사숙고가 필요하다. 차분하고 안전하며 정서적으로 지지적인 환경을 조성함으로써 아이의 정서적 안녕을 키우고 행복하고 보람찬 삶의 기반을 마련할 수 있다.

# 5 사람을 연결하는 공간의 힘

# 사람을 연결하는 공간의 힘

우리는 일상적으로 다양한 공간에서 시간을 보내며 그 공간의 특성에 따라 감정과 행동이 달라진다. 공간 디자인은 인간의 사회적 상호작용을 형성하고 공동체 의식을 함양하며 궁극적으로 삶의 질에 영향을 미친다. 본 장에서는 사회적 유대감을 촉진하는 건축 환경을 조성하는 것의 중요성을 탐구하고, 사람들을 연결하는 공간을 만들기 위해 디자이너들이 활용할 수 있는 전략을 살펴본다.

사람들을 연결하는 공간을 설계할 때 가장 기본이 되는 요소는 근접성 proximity 의 개념을 이해하는 것이다. 개인 간의 물리적 거리는 사회적 상호작용과 관계 형성에 큰 영향을 미친다. 사람들이 서로 가까이 있을 때 자연스러운 대화를 나누고 경험을 공유하며 친밀감과 신뢰감을 쌓을 가능성이 높아진다. 이는 특히 주거 환경에서 두드러지게 나타나는데, 공용 공간의 설계가 거주자 간의 사회적 응집력 수준에 상당한 영향을 줄 수 있다.

사회적 상호작용을 촉진하는 건축 환경을 조성하기 위해 디자이너들은 우연한 만남을 장려하고 사람들이 머물며 교류할 수 있는 기회를 제공하는 공간을 만드는 데 초점을 맞추어야 한다. 이는 좌석 공간의 전략적 배치, 비공식적 모임 장소의 도입, 자연스러운 만남을 유도하는 동선 설계 등을 통해 달성할 수 있다. 예를 들어 주거 건물의 로비는 거주자들이 편안하게 친구를 기다리거나 이웃과 대화를 나눌 수 있는 매력적인 공간으로 설계할 수 있다.

사람들을 연결하는 공간을 설계할 때 또 다른 중요한 측면은 규모와 비례를 고려하는 것이다. 공간의 규모는 사람들이 그 공간을 인식하고 상호작용하는 방식에 큰 영향을 미칠 수 있다. 아늑한 좌석 공간이나 작은 중정과 같은 친밀한 공간은 사생활을 보장하고 일대일 대화를 유도할 수 있다. 반면 공용 라운지나 옥상 테라스와 같은 더 큰 공간은 대규모 그룹을 수용하고 사교 모임을 촉진할 수 있다. 디자이너들은 공간의 규모와 비례를 세심하게 조절함으로써 다양한 유형의 상호작용에 부합하는 사회적 환경을 조성할 수 있다.

　재료와 질감의 사용 또한 매력적이고 몰입감 있는 사회적 공간을 만드는 데 중요한 역할을 한다. 나무와 돌과 같은 따뜻하고 자연스러운 재료를 선택하면 편안함과 친밀감을 불러일으켜 사람들이 오래 머물며 교류하도록 유도할 수 있다. 푹신한 좌석이나 질감이 있는 벽과 같은 촉각적 요소를 도입하면 감각적 경험을 더욱 풍부하게 하고 보다 몰입감 있는 환경을 조성할 수 있다. 또한 색채와 조명을 전략적으로 사용하여 원하는 분위기를 연출하고 공간의 무드에 영향을 줄 수 있다.

　물리적 설계 요소 외에도 사회적 공간의 프로그래밍과 활성화는 동등하게 중요하다. 디자이너들은 커뮤니티 매니저 또는 이벤트 코디네이터와 협력하여 사람들을 결속시키고 소속감을 높이는 다양한 활동과 이벤트를 기획할 수 있다. 여기에는 커뮤니티 모임, 워크숍, 피트니스 수업, 문화 행사 등이 포함될 수 있다. 사람들이 공유된 경험에 참여하고 공통의 관심사를 추구할 기회를 제공함으로써 건축 환경은 사회적 상호작용과 공동체 형성의 촉매제가 될 수 있다.

　사람들을 연결하는 공간을 설계하는 것의 중요성은 주거 환경을 넘어 확장된다. 직장에서 사무 공간의 설계는 협업, 생산성, 직원 웰빙에 상당한 영향을 미칠 수 있다. 개방형 평면도, 협업 공간, 비공식 회의 공간 등은 부서 간 상호작용을 장려하고 아이디어 교환을 촉진할 수 있다. 마찬가지로 교육 기관에서 교실, 도서관, 학생 라운지의 설계는 공동체 의식을 함양하고 또래 간 학습을 장려할 수 있다.

그러나 사회적 공간의 설계에 만능 해법은 없다는 점을 인식하는 것이 중요하다. 서로 다른 공동체와 문화는 사회적 상호작용에 대해 다양한 선호도와 요구사항을 가질 수 있다. 따라서 공간의 잠재 사용자와 소통하고 철저한 조사를 통해 그들의 구체적인 요구사항과 열망을 이해해야 한다. 공동체를 설계 과정에 참여시키고 그들의 의견을 반영함으로써 실제로 그 공간에 거주할 사람들에게 호소력 있는 공간을 만들 수 있다.

더 나아가 사회적 공간의 설계는 디지털 시대의 인간 상호작용의 변화하는 속성도 고려해야 한다. 기술과 가상 커뮤니케이션의 확산으로 인해 디지털 경험과 물리적 경험을 매끄럽게 통합하는 환경을 만드는 것이 중요해졌다. 여기에는 인터랙티브 디스플레이, 디지털 예술 설치, 가상 협업을 촉진하는 공간 등이 포함될 수 있다. 사회적 연결을 위한 도구로 기술을 수용함으로써 물리적 영역과 디지털 영역 간의 간극을 메우는 하이브리드 환경을 만들 수 있다.

결론적으로 사회적 상호작용을 촉진하는 건축 환경의 설계는 인간의 웰빙과 행복을 증진하는 공간을 조성하는 데 있어 핵심적인 측면이다. 근접성, 규모, 재료, 프로그래밍의 힘을 이해함으로써 사람들을 한데 모으고 공동체 의식을 함양하는 공간을 만들 수 있다. 또한 기능적 요구사항을 충족시킬 뿐만 아니라 공동체의 사회적 구조를 육성하는 건축 환경을 만들 수 있다. 사람들을 연결하는 공간을 설계함으로써 우리는 보다 응집력 있고 포용적이며 보람찬 사회를 만드는 데 기여할 수 있다.

## 대화가 샘솟는 공간 디자인의 비밀

우리는 공간에 들어서는 순간, 주변 사람들과 소통하고 싶은 마음이 들게 된다. 그 공간은 따뜻하고 편안한 분위기를 자아내며, 대화를 나누기에 적합한 환경을 제공한다. 이러한 공간을 만드는 비결은 무엇일까? 그 답은 바로 대화를 불러일으키는 공간 디자인의 비밀에 있다.

사회적 상호작용을 장려하고 자연스러운 대화를 촉진하는 공간을 디자인하는 것은 다양한 요소를 신중히 고려해야 하는 예술이다. 전략적인 공간 배치부터 감각적 자극까지, 환경의 모든 측면이 소통과 유대감을 조성하는 분위기 형성에 중요한 역할을 한다.

대화하기 좋은 공간 배치를 설계하는 핵심 원칙 중 하나는 사회적 상호작용을 장려하는 전략적 공간 배치를 만드는 것이다. 이는 소파 맞은편에 의자를 비스듬히 배치하거나, 소파 양쪽에 의자를 두거나, 두 개의 소파를 마주 보게 배치하는 등 다양한 레이아웃 아이디어를 통해 구현할 수 있다. 이러한 배치는 친밀감을 조성하고 시선 접촉을 유도하여 대화를 나누기 쉽게 만든다.

좌석 배치 외에도 가구 배치와 시야 확보가 중요하다. 가구를 벽에 붙이지 않고 공간에 띄워 배치함으로써 다양한 영역을 정의하고 더 아늑한 모임 공간을 만들 수 있다. 이러한 접근 방식은 넓은 공간을 더 작고 대화하기 좋은 공간으로 분할하여 더 초대하는 분위기를 조성한다.

소통을 촉진하는 전략적 공간 및 가구 배치 평면도

대화를 불러일으키는 공간을 디자인할 때 또 다른 중요한 측면은 포용적인 모임 공간을 조성하는 것이다. 이는 공감과 이해를 키우고, 개인이 판단에 대한 두려움 없이 경험을 공유할 수 있는 안전한 공간을 확립하며, 개방적인 의사소통을 촉진하는 것을 포함한다. 접근성을 우선시하고, 포용적인 정책과 관행을 시행하며, 다양한 표현을 수용함으로써 모든 사람에게 친근하고 포용적으로 느껴지는 환경을 만들 수 있다.

감각적 요소 또한 대화를 자극하고 사회적 연결을 강화하는 데 중요한 역할을 한다. 색상, 질감, 조명, 소리 등은 모두 감정을 불러일으키고 대화 분위기를 조성하는 매력적인 환경을 만드는 데 활용될 수 있다. 예를 들어, 따뜻한 황금빛 조명은 아늑한 분위기를 연출할 수 있으며, 생동감 있는 색상과 촉각적 질감은 공간에 깊이와 흥미를 더할 수 있다. 또한 냄새와 맛을 활용하면 감각적 경험을 향상시키고 친숙함과 편안함을 느낄 수 있다. 갓 내린 커피 향기나 익은 과일의 달콤함은 강렬한 감정적 반응을 일으키고 환경을 더욱 매력적으로 만들 수 있다.

대화를 불러일으키는 공간을 디자인할 때는 공간의 균형과 흐름을 고려하는 것이 중요하다. 가구와 시각적 요소를 고르게 배치함으로써 조화로운 느낌을 주고 공간을 더 매력적으로 만들 수 있다. 과도한 혼잡을 피하고 불필요한 물건을 제거하는 것 또한 개방감과 시각적 안정감을 주어 더 편안한 움직임을 가능하게 하고 사회적 상호작용을 장려할 수 있다. 러그 배치 또한 중요한 고려 사항이다. 러그를 좌석 공간을 정의하고 통일감을 주는 방식으로 배치함으로써 대화의 흐름을 유도하고 공간을 더 초대하는 분위기로 만들 수 있다.

결국 대화를 불러일으키는 공간 디자인의 비밀은 이 모든 요소를 신중하게 고려하는 데 있다. 전략적 공간 배치를 만들고, 포용적인 모임 공간을 조성하며, 감각적 요소를 활용함으로써 따뜻하고 친근하며 사회적 상호작용을 촉진하는 환경을 만들 수 있다.

사회적 연결이 그 어느 때보다 중요한 세상에서 소통 활성화를 위한 공간 디자인의 역할은 아무리 강조해도 지나치지 않다. 대화를 장려하고 소속감을 키우는 환경을 조성함으로써 우리는 더 연결되고, 공감하며, 포용적인 사회를 만들어 갈 수 있다.

대화를 불러일으키는 공간 디자인의 비밀을 받아들임으로써 우리는 모든 공간이 연결되고, 공유하며, 소속감을 느끼도록 초대하는 세상을 만들 수 있다.

## 모두가 행복한 공동체를 디자인하라!

　모든 사람을 위한 행복한 공동체를 설계하는 것, 그것은 우리에게 주어진 가장 의미 있고 중요한 과제 중 하나이다. 공동체 공간은 단순히 물리적인 장소 이상의 의미를 지닌다. 그곳은 다양한 사람들이 모여 서로 교류하고, 유대감을 쌓으며, 소속감을 느끼는 곳이기 때문이다. 그렇다면 우리는 어떻게 모두가 행복할 수 있는 공동체 공간을 만들 수 있을까?

　포용적인 공동체 공간 설계의 핵심은 바로 공감과 협력이다. 설계 과정에서 다양한 관점을 반영하고 공동체 구성원들의 의견을 적극적으로 수렴함으로써, 모든 사용자의 요구를 충족시키는 공간을 만들 수 있다. 이는 장애인, 다양한 문화적 배경을 가진 사람들, 그리고 다양한 연령층을 포괄한다. 더불어 접근성과 포용성 전문가들과의 협업을 통해 다양한 집단의 고유한 요구사항을 더욱 깊이 이해할 수 있다.

포용적인 설계에서 빼놓을 수 없는 요소는 바로 접근성과 유연성이다. 경사로, 엘리베이터, 접근 가능한 화장실 등을 통해 모든 사용자가 물리적으로 접근 가능한 공간을 만들어야 한다. 뿐만 아니라 가변적인 가구와 레이아웃을 활용하여 변화하는 요구사항과 선호도에 적응할 수 있는 유연한 공간 설계가 필요하다.

감각적 경험과 문화적 고려사항 또한 포용적인 공간 설계에서 중요한 역할을 한다. 음향 쾌적성, 다양한 조명, 접근 가능한 시각적 요소 등을 통해 다양한 감각적 경험을 제공할 수 있다. 더불어 다양한 문화적 배경과 정체성을 반영하는 예술작품과 시각적 요소를 통해 포용성과 대표성을 증진시킬 수 있다.

프로그래밍과 활동 역시 포용적인 공간 설계에서 필수적이다. 모든 사람이 참여하고 몰입할 수 있도록 다양한 관심사와 능력에 부합하는 활동과 이벤트를 제공해야 한다. 설문조사, 포커스 그룹 등을 통해 공동체의 요구사항과 선호도를 파악하고, 공간이 지속적으로 포용적이고 매력적으로 유지될 수 있도록 해야 한다.

우리가 행복하고 활기찬 공동체를 만들기 위해 노력할 때, 자연과 녹지 공간의 통합은 심리적 안녕을 촉진하고 공동체 의식을 강화하는 강력한 도구로 떠오른다. 공원, 정원, 자연 공간을 설계에 포함시킴으로써 거주자들에게 다양한 생태적, 사회적 혜택을 제공할 수 있다. 이러한 녹색 오아시스는 스트레스를 낮추고, 정신 건강을 개선하며, 전반적인 웰빙을 촉진하는 촉매제 역할을 한다.

더불어 이웃 간의 자발적이고 지지적인 관계를 장려하고 소속감을 키우는 데 있어 근린 설계가 중요한 역할을 한다. 개방적인 공간, 보행자 친화적인 구역, 공동체 공원 등을 사려 깊게 설계함으로써 사회적 상호작용을 촉진하고 자연과의 깊은 연결고리를 만들 수 있다. 작은 야외 공간조차도 휴식, 모임, 즐거움을 위한 안식처로 변모시킬 수 있으며, 비정형적인 모서리 공간도 활기차고 활용도 높은 공간으로 탈바꿈시킬 수 있다.

공동체 텃밭과 농장을 통해 공동체 참여는 새로운 차원으로 발전한다. 이러한 공유 공간은 사회적 결속력을 높일 뿐만 아니라, 거주자들에게 자부심과 성취감을 불어넣는다. 사람들이 함께 모여 이러한 녹색 공간을 가꾸고 재배하면서 창의성, 자기표현, 그리고 땅과 서로에 대한 깊은 연결감을 표출한다.

자연 영감을 받은 설계의 힘을 과소평가해서는 안 된다. 공동체 공간에 곡선, 대칭, 프랙탈 패턴 등을 적용함으로써 평온함, 고요함, 웰빙의 분위기를 연출할 수 있다. 이러한 바이오필릭 요소는 우리의 타고난 자연에 대한 친화력을 활용하여 편안함을 증진시키고 인지된 위협을 감소시킨다.

조명과 환기 역시 공동체 공간 내에서 정신 건강과 웰빙을 증진시키는 데 중요한 역할을 한다. 큰 창문, 채광창, 개방적인 레이아웃을 통해 자연광을 활용함으로써 기분을 고양시키고 외부 세계와의 연결감을 촉진할 수 있다. 충분한 환기는 신선한 공기의 지속적인 흐름을 보장하여 심신을 재충전시킨다.

포용성과 형평성은 사회의 모든 구성원에게 진정으로 봉사하는 공동체 공간을 설계하는 핵심에 자리잡고 있다. 소외계층에 대한 자연과 녹지 공간 접근성을 우선시함으로써 사회적 불평등을 해소하고 건강 형평성을 증진시킬 수 있다. 배경이나 상황에 관계없이 모든 개인은 자연의 치유력을 경험할 기회를 누릴 자격이 있다.

공동체 활동과 이벤트는 사람들을 하나로 묶어주는 접착제 역할을 하며, 공유된 경험을 통해 사회적 유대감을 강화한다. 야외 레크리에이션, 자연 산책, 공동체 텃밭 가꾸기 프로젝트 등을 기획함으로써 거주자들이 자연 및 서로와 소통하도록 장려하고, 깊은 소속감과 연결감을 배양할 수 있다.

행복한 공동체를 설계하는 길을 탐색할 때, 사회적 상호작용과 연결의 힘을 간과해서는 안 된다. 공공 공간의 접근성과 가시성을 우선시함으로써 사람들이 방문하고, 머무르며, 서로 교류하도록 유도할 수 있다. 창문, 자연광, 개방적인 레이아웃 등의 요소는 사교 활동과 관계 형성에 적합한 매력적인 분위기를 조성한다.

안락함과 안전은 사회적 상호작용이 번창하는 토대이다. 안전하고 친근한 공간을 설계함으로써 거주자들이 안전 지대를 벗어나 다른 사람들과 소통하도록 격려할 수 있다. 좌석 공간, 녹지 공간, 사려 깊은 편의시설 등은 웰빙과 휴식의 분위기를 조성하여 의미 있는 대화와 공유의 순간을 만들어 준다.

유연성과 적응성은 다양한 상호작용과 공동체 참여의 문을 여는 열쇠이다. 다양한 활동과 이벤트에 맞게 쉽게 변형될 수 있는 공간을 만듦으로써 무한한 가능성의 세계로 나아갈 수 있다. 이동식 가구와 유연한 레이아웃을 통해 친밀한 모임과 대규모 공동체 축제 간의 자연스러운 전환이 가능해지며, 공간이 거주자의 요구와 열망에 따라 진화할 수 있게 된다.

포용성과 대표성은 진정으로 연결된 공동체의 태피스트리를 엮는 실마리이다. 설계 과정에 다양한 이해관계자를 적극적으로 참여시킴으로써 결과적으로 만들어지는 공간이 모든 공동체 구성원의 고유한 요구와 선호도에 부합하도록 보장할 수 있다. 공동체의 풍부한 문화적, 사회적 다양성을 반영하는 요소를 도입함으로써 소속감과 포용성을 증진시키고, 우리의 차이점이 지닌 아름다움을 기념할 수 있다.

사회 기반 시설은 번영하는 공동체의 중추이다. 놀이터, 커뮤니티 센터, 공공 예술 설치물 등의 요소를 사려 깊게 통합함으로써 자연스럽게 사회적 연결을 촉진하고 공동 소유권 의식을 함양하는 공간을 만들 수 있다. 잘 관리되고 유지되는 공간은 공동체의 자부심과 사회적 책임감을 강력하게 표현하며, 거주자들이 주변 환경을 개선하는 데 적극적인 역할을 하도록 격려한다.

공동체 참여는 활기차고 연결된 공간의 심장 박동이다. 공공 공간의 설계와 관리에 거주자들을 적극적으로 참여시킴으로써 깊은 주인 의식과 책임감을 함양할 수 있다. 공동체 이벤트, 활동, 프로그래밍을 위한 기회를 마련함으로써 사람들을 하나로 모으고, 개인적 차이를 뛰어넘어 우리를 인류애로 묶어주는 유대감을 형성할 수 있다.

공동체 설계의 새로운 시대의 문턱에서, 포용성, 자연, 사회적 상호작용의 원칙을 하나로 엮음으로써 우리는 공동체를 행복, 안녕, 소속감으로 가득 찬 생동감 넘치는 태피스트리로 변모시킬 수 있는 기회를 얻게 된다. 함께 이 발견의 여정을 시작하여 우리 삶을 형성하고 모두를 위한 더 밝고 연결된 미래로 가는 길을 밝히는 공간 환경의 비밀을 풀어보자.

## 사무실도 사랑방이 될 수 있다!

직장 생활의 대부분은 사무실에서 이뤄진다. 우리는 동료들과 함께 많은 시간을 보내며, 업무를 처리하고 아이디어를 교환한다. 이러한 사무 공간의 디자인은 단순히 업무 효율성만을 위한 것이 아니라, 직원들 간의 유대감을 강화하고 소속감을 느끼게 하는 데에도 중요한 역할을 한다. 바쁘고 고립되기 쉬운 현대의 업무 문화 속에서, 직원들을 연결해 주고 협업을 장려하며 소속감을 느끼게 해주는 공간을 만드는 것은 그 어느 때보다 중요하다. 사회적 상호작용과 직원의 웰빙을 우선시하는 사무 공간을 철저히 설계함으로써, 우리는 가장 평범한 직장 환경도 생동감 넘치는 사회적 허브로 탈바꿈시킬 수 있으며, 이는 생산성과 행복감 모두를 높여줄 것이다.

사회적 직장을 설계할 때 가장 중요한 점 중 하나는 공용 공간과 개인 공간 사이의 적절한 균형을 맞추는 것이다. 개방적이고 협업이 가능한 공간은 팀워크와 일상적인 교류를 촉진하는 데 필수적이지만, 집중적인 업무와 개인 작업을 위한 조용하고 사적인 공간을 제공하는 것도 똑같이 중요하다. 다양한 환경을 제공함으로써 직원들은 매 순간 자신의 필요에 가장 적합한 공간을 선택할 수 있게 되고, 이는 편안함, 자율성, 직무 만족도의 향상으로 이어진다.

유연성 또한 현대 직장 디자인에서 고려해야 할 중요한 사항이다. 엄격하고 고정된 레이아웃과 움직일 수 없는 가구의 시대는 지났다. 대신 미래지향적인 사무실은 다양한 업무 방식, 팀 규모, 프로젝트 요구사항에 맞게 쉽게 재구성할 수 있는 모듈형의 적응력 높은 공간을 도입하고 있다. 이동 가능한 벽, 조절 가능한 책상, 다목적 가구와 같은 요소를 통합함으로써 디자이너는 조직과 직원의 요구에 따라 진화하는 역동적이고 반응성 높은 환경을 만들 수 있다.

기술 역시 직장 내 협업과 연결을 촉진하는 데 있어 중요한 역할을 한다. 화상 회의, 인스턴트 메시징, 가상 화이트보드와 같은 도구를 통합함으로써 디자이너는 사무실 근무자와 원격 근무자 사이의 간극을 메우는 원활한 의사소통 채널을 만들 수 있다. 이러한 기술은 효과적인 협업을 촉진할 뿐만 아니라, 물리적 위치에 관계없이 팀원들 간의 포용성과 소속감을 형성하는 데 도움을 준다.

물론 사회적 직장 디자인에 대해 논의할 때 빼놓을 수 없는 것은 비공식적 모임 공간의 중요성이다. 회의실과 회의 구역은 중요한 기능을 하지만, 가장 혁신적인 아이디어를 불러일으키고 동료 간의 가장 강한 유대감을 형성하는 것은 흔히 우연한 계획되지 않은 상호작용에서 비롯된다. 매력적인 휴게 공간, 아늑한 휴게실, 심지어 야외 공간을 통합함으로써 디자이너는 자발적인 대화, 즉흥적인 브레인스토밍 세션, 그리고 매우 필요한 휴식과 사교의 순간을 위한 기회를 만들 수 있다.

아늑한 직장 내 휴게 공간 투시도

접근성과 가시성 또한 사무실 내 사회적 상호작용을 촉진하는 데 있어 핵심 요소이다. 중심적이고 통행량이 많은 구역에 협업 구역을 전략적으로 배치함으로써 디자이너는 평소에 교류하지 않을 수 있는 직원들 간의 우연한 만남과 즉흥적인 회의를 장려할 수 있다. 개방된 시야와 투명한 재료는 이러한 연결성을 더욱 향상시켜, 작업 공간 전체에 걸쳐 개방성과 접근성의 느낌을 조성한다.

그러나 사회적 직장을 디자인하는 것은 단순히 물리적 공간에 관한 것만은 아니다. 그것은 또한 소속감과 공유된 정체성의 문화를 만드는 것에 관한 것이기도 하다. 조직의 가치, 사명, 독특한 개성을 반영하는 요소를 통합함으로써 직원들이 자신의 직장과 동료들에 대해 더 깊은 연결감을 느끼도록 도울 수 있다. 이는 회사 예술품을 전시하거나, 팀의 성과를 보여주거나, 심지어 조직의 특징과 내부 농담을 반영하는 맞춤형 공간을 만드는 것을 포함할 수 있다.

궁극적으로, 가장 성공적인 사회적 직장은 무엇보다도 직원의 웰빙과 만족을 최우선으로 하는 곳이다. 자연광, 편안한 가구, 신체적·정신적 건강을 지원하는 편의시설과 같은 요소를 통합함으로써 디자이너는 사회적 연결을 육성할 뿐만 아니라 전반적인 행복과 생산성을 증진하는 환경을 만들 수 있다. 조용한 명상실부터 활기찬 게임 구역에 이르기까지, 디자인을 통해 직원의 웰빙을 향상시키는 가능성은 사실상 무한하다.

우리가 직장 디자인의 미래를 내다볼 때, 가장 혁신적이고 성공적인 조직은 직원 참여, 창의성, 직무 만족도를 이끄는 데 있어 사회적 연결의 힘을 인식하는 곳이 될 것임이 분명하다. 디자인에 있어 사람 중심의 접근법을 받아들임으로써, 이러한 미래지향적인 기업들은 우수한 인재를 유치하고 유지할 뿐만 아니라, 사무실의 벽을 훨씬 뛰어넘는 공동체 의식과 소속감을 조성할 것이다.

결국, 사회적 직장을 디자인하는 것은 단순히 책상과 의자를 배치하는 것 이상의 의미를 지닌다. 그것은 그 안에 머무는 사람들에게 영감을 주고, 연결하며, 고양시키는 공간을 만드는 것에 관한 것이다. 사무실 디자인의 모든 측면에서 인간의 경험과 웰빙을 우선시함으로써, 우리는 가장 평범한 직장 환경도 그곳에 들어서는 모든 이들의 잠재력을 최대한 끌어내는 특별한 사회적 허브로 변모시킬 수 있다. 우리는 단순히 물리적 환경뿐만 아니라 우리가 봉사하는 조직의 사회적 구조까지도 형성할 수 있는 힘을 가지고 있으며, 그것은 우리가 결코 가볍게 여겨서는 안 될 책임이자 특권이다.

그러므로 우리는 진정으로 사람을 위해 작동하는 직장, 즉 연결, 협업, 그리고 깊은 소속감을 육성하는 공간을 구성하고, 우리는 개개인의 삶을 향상시킬 뿐만 아니라, 치밀하게 설계된 공간 하나하나를 통해 조직 전체의 성공과 활력에 기여할 수 있을 것이다.

## 놀이터는 사회성 교육의 장!

놀이터는 단순한 놀이 공간이 아니라 사회성 교육의 장소이다. 우리는 아이들의 사회성 발달을 지원하는 놀이 공간을 설계함으로써 그들의 건강한 성장을 도모할 수 있다. 또한 공간 디자인은 아이들의 발달 단계에 맞추어 이루어져야 하며, 안전과 포용성을 고려해야 한다.

영유아기(1-3세)의 아이들에게는 작은 미끄럼틀, 완만한 오름 구조물, 낮은 플랫폼, 경사로, 그네, 모래상자, 세발자전거 길, 상호작용 패널 등이 적합하다. 유아기(3-5세)의 아이들에게는 더 큰 미끄럼틀, 낮은 등반 시설, 터널, 다리, 그네, 모래상자, 세발자전거 길, 상호작용 패널 등이 필요하다. 학령기(6-12세) 아동에게는 높은 등반 구조물, 공중 시설, 도전적인 철봉, 협동 놀이 기구, 회전 기구, 스포츠 시설, 개방된 공간 등이 제공되어야 한다. 청소년기(13-18세)에는 암벽 등반, 운동 시설, 편안한 휴식 공간, 전용 스포츠 코트 등이 마련되어야 한다.

포용적이고 접근 가능한 디자인도 중요하다. 경사로, 이동 지원 시설, 감각 자극이 풍부한 시설, 포용적인 그네 등은 모든 아이들이 함께 놀 수 있도록 한다. 안전을 위해서는 연령에 적합한 장비와 재료, 적절한 표면 처리와 추락 방지 구역, 정기적인 점검, 부모의 감독이 필요하다. 부모, 교육자, 아동 발달 전문가의 의견을 수렴하고, 지역사회의 요구와 인구 구성을 고려하며, 안전성, 포용성, 연령별 디자인에 우선순위를 두어야 한다.

포용적인 놀이터 기구는 협동 놀이와 사회적 통합을 촉진한다. 휠체어 접근이 가능한 경사로, 넓은 이동 경로, 부드러운 전환, 단계적인 도전 범위, 그룹화된 장비, 다양한 연령대를 위한 선택 등이 고려되어야 한다. 감각 패널, 악기, 질감이 있는 놀이 표면, 전정 자극 놀이 기구 등 다감각 놀이 요소도 포함되어야 한다. 병행 놀이, 연합 놀이, 협력 놀이를 지원하는 장비, 감각 처리 장애, 자폐증 또는 기타 특수 요구가 있는 아동을 지원하는 장비, 조용한 공간, 진정 효과가 있는 감각 경험 등도 필요하다. 안전한 표면 재료, 적절한 손잡이, 걸려 넘어질 위험 방지 등도 고려해야 한다.

   놀이터는 지역사회의 중심지로 탈바꿈할 수 있다. 주민 회의, 소셜 미디어 투표, 온라인 설문조사, 공개 워크숍, 협력 설계 세션 등을 통해 지역사회와 소통해야 한다. 지역 예술, 민속, 역사적 요소를 통합하고, 휠체어)의 접근이 가능한 그네, 경사로, 감각 놀이 요소, 점자 안내판 등 포용적이고 접근 가능한 기능을 갖추어야 한다. 퍼즐, 상호작용 패널, 학습 벽 등 상호작용 놀이와 학습 요소도 포함되어야 한다.

   녹지와 지속 가능성도 중요하다. 녹지, 나무, 토종 식물, 태양광 조명, 빗물 수확 시스템, 재활용 자재 등 지속 가능한 요소를 도입해야 한다. 성인을 위한 피트니스 장비, 가족을 위한 피크닉 공간, 노인을 위한 그늘진 공간 등 유연성과 세대를 아우르는 매력을 갖추어야 한다. 벽화 그리기 행사, 모자이크 워크숍, 조각 전시회 등 예술 설치물과 DIY 프로젝트도 지역사회의 참여를 이끌어낼 수 있다. 지역 주민들이 직접 건설에 참여하는 지역사회 건설의 날을 마련하면 주인 의식을 높이고 비용을 절감할 수 있다.

   결론적으로, 놀이터는 단순한 놀이 공간을 넘어 아이들의 사회성 발달을 촉진하는 교육의 장이 되어야 한다. 연령별 발달 특성을 고려한 디자인, 포용성과 접근성을 갖춘 시설, 지역사회의 참여와 소통, 지속 가능한 요소의 도입 등을 통해 놀이터를 사회적 상호작용과 성장의 중심지로 만들 수 있다. 우리는 공간 디자인의 힘을 믿는다. 놀이터가 아이들의 행복한 성장과 지역사회의 화합을 이끄는 촉매제가 되기를 기대한다.

# 사회적 고립을 해결하는 건축 환경 혁신

공간은 단순히 물리적인 구조물이 아니라, 우리의 감정과 행동에 직접적인 영향을 미치는 환경이다. 특히 사회적 소외계층에게 있어 포용적인 공간 디자인은 그들의 삶의 질을 향상시키고 공동체 의식을 함양하는 데 매우 중요한 역할을 한다. 건축 환경의 혁신을 통해 사회적 고립 문제를 해결하고 모두를 위한 포용적인 공간을 설계하는 것은 우리 시대의 과제라 할 수 있다.

사회적 약자를 위한 포용적 공공 공간을 설계할 때는 무엇보다도 지역 공동체의 참여가 필수적이다. 다양한 이해관계자들의 의견을 수렴하고 그들의 요구를 반영하는 광범위한 참여 설계 과정을 통해, 그 공간을 실제로 사용하게 될 사람들의 목소리에 귀 기울이고 그들의 삶에 진정으로 기여할 수 있는 공간을 만들어낼 수 있다. 또한 모든 사람이 접근 가능한 유니버설 디자인 원칙을 적용하여 물리적 장벽을 허물고, 안전하고 편안한 공간 경험을 제공함으로써 심리적 장벽 역시 낮출 수 있다.

나아가 공공 공간은 시간의 흐름에 따라 변화하는 커뮤니티의 요구에 유연하게 대응할 수 있도록 설계되어야 한다. 가변적이고 모듈화된 공간 요소를 도입하여 다양한 활동과 이벤트를 수용할 수 있는 적응력 있는 공간을 만드는 것이 중요하다. 이를 통해 우리는 포용성과 지속가능성을 갖춘 공공 공간을 설계할 수 있으며, 사회적 상호작용과 통합을 촉진하는 데 기여할 수 있다.

사회적 소외계층을 위한 혁신적인 저렴 주택 설계 또한 커뮤니티 의식을 고취하고 사회적 고립을 해소하는 데 중요한 역할을 한다. 모듈러 공법과 같은 새로운 건축 기술을 활용하여 건설 비용을 절감하고 환경 친화적인 재료를 사용함으로써 지속가능한 주거 공간을 제공할 수 있다. 무엇보다도 입주민들 간의 교류와 소통을 장려하는 커뮤니티 중심의 설계가 필요하다. 개인 공간과 함께 공유 공간을 적절히 배치하고, 주거 공간과 상업 및 여가 시설이 어우러진 복합 용도 개발을 통해 입주민들의 삶의 질을 높이고 사회적 유대감을 강화할 수 있다.

 마지막으로, 지역 사회 센터는 주민들이 모이고 소통하며 의미 있는 활동에 참여할 수 있는 중요한 거점이다. 포용적인 설계와 다양한 프로그램을 통해 커뮤니티 센터를 모두를 위한 활기찬 공간으로 탈바꿈시킬 수 있다. 센터의 접근성을 높이고 유연한 공간 구성을 통해 다양한 활동을 수용하며, 주민들의 필요와 관심사에 부합하는 맞춤형 프로그램을 제공함으로써 진정한 의미의 주민 참여를 이끌어낼 수 있다. 이는 사회적 결속력을 강화하고 취약 계층의 삶의 질을 향상시키는 데 기여할 것이다.

 우리는 건축 환경의 혁신을 통해 사회적 불평등과 고립이라는 문제에 적극적으로 대응할 수 있다. 포용성, 지속가능성, 그리고 공동체 의식을 핵심 가치로 삼아 공공 공간, 저렴 주택, 지역 사회 센터를 설계함으로써 사회적 약자들에게 진정한 안식처와 기회의 장을 제공할 수 있다. 우리에게는 모두를 위한 공간을 창조할 수 있는 특별한 능력과 책임이 있다. 창의성, 공감, 그리고 포용성을 바탕으로 우리가 설계하는 공간이 사회 변화의 촉매제가 되기를 희망한다.

## 뇌가 좋아하는 소통과 협업의 공간

공간은 우리의 삶과 행복을 결정짓는 강력한 요소이다. 뉴로아키텍처의 원리를 이해하고 효과적인 협업, 포용성, 사회적 상호작용을 촉진하는 공간을 설계함으로써, 우리는 안녕감을 키우고 의미 있는 관계를 형성할 수 있는 환경을 만들어낼 수 있다.

효과적인 협업과 팀워크를 위한 공간을 설계할 때 가장 중요한 측면 중 하나는 다양한 요구를 충족시키는 다채로운 환경을 제공하는 것이다. 회의실, 팀 스튜디오, 허들룸, 개방형 협업 공간, 유연한 협업실은 각각 고유한 목적을 가지고 있으며, 다양한 유형의 상호작용을 지원한다. 접근성이 높은 기술, 유연한 가구, 좋은 조명을 통합함으로써 이러한 공간은 원활한 협업과 편안함을 위해 최적화될 수 있다. 상호작용과 내성을 모두 인식하는 혼합 경험 공간과 협업과 고독 사이의 균형을 향한 추세는 이러한 환경의 효과를 더욱 높인다.

하지만 협업을 위한 공간 설계는 퍼즐의 한 조각일 뿐이다. 다양한 공동체를 위한 포용적이고 환영받는 분위기의 환경을 조성하는 것도 매우 중요하다. 보편적 설계 원칙을 구현하고 연령, 능력 또는 기타 다양한 특성에 관계없이 모든 사람이 접근할 수 있도록 함으로써, 우리는 소속감과 편안함을 키울 수 있다. 명확하고 직관적인 표지판, 자연광과 차분한 색상과 같은 스트레스 감소 요소, 더 넓은 범위의 사용자를 끌어들이는 포괄적인 프로그래밍은 모두 환영받는 분위기 조성에 기여한다. 지역사회와 소통하고 신경다양성, 연령대, 성 정체성이 다른 개인의 요구를 고려하는 것은 이러한 공간의 포용성을 더욱 높인다.

교육 환경에서 공간 배치는 학생들 사이의 사회적 상호작용과 관계 형성에 중요한 역할을 한다. 접근성이 높고 보행 거리가 짧으며 공공 공간이 잘 보이는 단층 학교 건물은 우연한 상호작용의 비율을 높이는 것으로 나타났다. 학교 건물의 공간 배치와 접근성은 학생들의 이동과 상호작용 비율에 직접적인 영향을 미친다. 아카데믹 하우스형 건물은 동일 학년 내 상호작용을 촉진하는 데 더 유리한 반면, 핑거 플랜형 학교는 서로 다른 학년의 학생들 간 상호작용을 활성화한다.

물리적 배치를 넘어서 공용 공간의 설계는 기분을 크게 향상시키고 사회화를 장려할 수 있다. 잘 관리된 녹지, 따뜻한 조명, 원형 좌석 배치는 사람들이 모여 상호작용하도록 유도하는 환영받는 공간으로 변모시킬 수 있다. 포스트 코로나 시대에 정신적 웰빙과 사회적 상호작용을 우선시하는 다기능 공간으로의 전환은 이러한 환경을 설계하는 것의 중요성을 더욱 강조한다.

학생들을 공간 설계 과정에 참여시키는 것은 소속감을 키우고 사회적 상호작용을 장려하는 공간을 만드는 또 다른 핵심 요소이다. 자신이 머무는 공간을 함께 소유함으로써 학생들은 환경과 더 강한 유대감을 형성하고, 자발적이고 자연스러운 사회적 상호작용에 참여할 가능성이 더 높아진다. 학교 내 사회적 공간은 개방적이고 밝으며 연령층에 맞게 심미적이어야 하며, 편안한 그룹 활동이 가능한 가구 선택이 이루어져야 한다.

결론적으로 공간에 대한 뇌의 반응은 우리의 삶과 행복을 결정짓는 강력한 요인이다. 뉴로아키텍처의 원리를 이해하고 효과적인 협업, 포용성, 사회적 상호작용을 촉진하는 공간을 설계함으로써, 우리는 안녕감을 키우고 의미 있는 관계를 형성할 수 있는 환경을 만들어낼 수 있다. 현대 생활의 복잡성을 헤쳐나가는 가운데, 우리가 머무는 공간은 계속해서 우리의 경험과 상호작용을 형성할 것이므로 사회적, 정서적 요구를 뒷받침하는 환경 설계에 우선순위를 두는 것이 필수적이다.

# 6 자연을 품은 공간,
행복한 뇌

## 자연을 품은 공간, 행복한 뇌

우리는 매일 다양한 공간에서 시간을 보내며, 그 공간의 특성에 따라 감정과 생각, 행동이 달라진다. 공간 심리학은 건축 환경이 인간의 심리와 행동에 미치는 영향을 연구하는 학문이다. 뇌는 끊임없이 주변 환경을 인식하고 반응하는 기관이다. 따라서 우리가 머무는 공간의 디자인은 뇌의 기능과 심리 상태에 직접적인 영향을 미친다.

특히 자연 요소를 적극적으로 활용한 건축 환경은 인간의 심리와 인지 기능에 긍정적인 효과를 가져온다. 자연광, 식물, 물, 나무와 같은 자연 요소는 스트레스를 줄이고 집중력을 높이며, 창의적 사고를 촉진한다. 이는 인간이 오랜 진화 과정에서 자연 환경에 적응해왔기 때문이다.

인간의 뇌는 자연 환경에서 편안함과 안정감을 느끼도록 설계되어 있다.

이러한 이유로 현대 건축에서는 자연 요소를 적극 도입하는 '바이오필릭 디자인 Biophilic Design'이 주목받고 있다. 바이오필릭 디자인은 건물 내부에 자연 요소를 통합하여 인간의 본능적인 자연 선호 경향을 충족시키는 설계 방식이다. 실내 공간에 녹지와 수공간을 조성하고, 자연광을 적극 활용하며, 유기적인 형태와 자연 재료를 사용하는 것이 대표적인 사례이다.

이러한 자연 친화적 공간 디자인은 업무 공간에서 특히 중요하다. 직장인들은 하루 중 상당한 시간을 실내에서 보내기 때문에 자연 요소가 통합된 업무 공간은 직원들의 스트레스를 낮추고 업무 만족도와 생산성을 높이는 것으로 나타났다. 자연광이 풍부하고 식물로 장식된 사무실에서 근무하는 직원들은 그렇지 않은 직원들에 비해 창의적 문제 해결 능력이 15% 가량 높았다.

뇌친화적 건축의 효과는 학습 공간에서도 두드러진다. 학생들이 대부분의 시간을 보내는 교실과 학교 환경은 단순히 지식을 전달하는 장소가 아니라, 사고력과 창의력, 사회성을 기르는 공간이어야 한다. 자연 요소를 활용한 교실 디자인은 학생들의 인지 능력과 학업 성취도를 높이는 데 기여한다. 또한 협업과 소통을 촉진하는 공간 디자인, 개별 학습을 지원하는 공간 등 다양한 학습 방식을 수용할 수 있어야 한다.

| 요소 | 뇌에 작용 | 효과 |
|---|---|---|
| 자연광 | 세로토닌 분비 촉신 | 기분 개선, 수면 개선 |
| 식물 | 공기 중 이산화탄소 감소 | 인지 기능 향상 |
| 물 | 뇌파 활동을 진정시킴 | 스트레스 감소, 집중력 향상 |
| 나무 | 환경 호르몬의 영향 감소 | 심리적 안정감 증진 |
| 유기적 형태 | 시각적 자극 감소 | 스트레스 감소 |
| 자연 재료 | 실내 공기 질 개선 | 알레르기 반응 감소 |

뇌친화적 건축의 주요 요소

나아가 자연 요소를 도입한 건축 환경은 의료 시설에서도 주목할 만한 효과를 보인다. 자연 경관을 조망할 수 있는 병실에 입원한 환자들은 그렇지 않은 환자들에 비해 회복 속도가 빨랐고, 진통제 사용량도 적었다. 이는 자연 환경이 심리적 안정과 면역력 향상에 도움을 주기 때문이다. 의료 시설 설계에 있어 자연 요소의 적극적 도입은 환자의 치유를 돕고 의료 서비스의 질을 높이는 방안이 될 수 있다.

자연과 건축의 조화로운 융합은 도시 환경에서도 필수적이다. 도시 생활은 높은 스트레스와 자연과의 단절을 초래하기 쉽다. 이러한 문제를 해결하기 위해 도시 건축에서는 녹지 공간 조성, 수변 공간 개발, 옥상 정원 설치 등 자연 요소를 적극 수용하는 방향으로 나아가고 있다. 이는 도시민의 삶의 질을 높이고 지속 가능한 도시 발전을 위한 토대가 된다.

건축 환경이 인간의 뇌와 심리에 미치는 영향을 이해하는 것은 매우 중요하다. 뇌친화적 건축은 단순히 아름답고 기능적인 공간을 설계하는 것을 넘어, 인간의 심리적 안녕과 인지적 기능을 고려한 공간을 창조하는 것이다. 자연 요소를 적극 활용한 공간 디자인은 스트레스를 낮추고, 창의력을 높이며, 학습과 업무 성과를 향상시킨다.

따라서 건축 설계에 있어 자연 요소의 통합은 선택이 아닌 필수가 되어야 한다. 건축가와 실내 디자이너는 자연과 건축의 조화로운 융합을 통해 인간 중심의 공간을 설계할 책임이 있다. 우리가 머무는 공간이 우리의 삶과 정신에 미치는 영향을 인식하고, 자연이 주는 혜택을 적극 수용하는 건축 환경을 조성해야 할 것이다.

뇌친화적 건축의 미래는 자연과 기술의 융합에 있다. 자연 요소를 활용하는 동시에 첨단 기술을 접목하여 지속 가능하고 에너지 효율적인 건축 환경을 구현하는 것이 중요한 과제이다. 나아가 건축 환경이 개인의 감성과 취향을 반영할 수 있도록 맞춤형 디자인 전략을 개발하는 것도 필요하다.

우리는 일상의 대부분을 건축 환경 속에서 보낸다. 그 공간이 우리의 몸과 마음, 정신에 어떤 영향을 미치는지 인식하고 설계하는 것은 건축가의 중대한 책무이다. 자연을 품은 공간, 뇌친화적 건축은 우리의 삶을 더욱 풍요롭게 만들 것이다. 행복한 개인, 창의적인 조직, 건강한 사회를 위한 공간 혁명, 그 중심에 '뇌친화적 건축'이 있다.

## 뇌가 좋아하는 자연의 색과 빛

자연이 주는 색채와 빛은 우리의 뇌를 사로잡는다. 나뭇잎 사이로 춤추듯 비치는 햇살, 저물녘 하늘을 물들이는 편안한 색조, 만개한 꽃들이 뽐내는 생생한 색감은 우리의 기분을 좋게 만들고 마음을 평온하게 한다.

생체친화적 디자인 biophilic design은 우리가 활용할 수 있는 가장 강력한 도구 중 하나이다. 이는 자연을 건축 공간에 통합하는 것을 강조하는 접근법이다. 자연광, 녹지, 유기적 소재, 물의 요소를 도입함으로써 우리는 타고난 자연에 대한 애착과 공명하는 실내 공간을 만들 수 있다. 연구에 따르면 이러한 요소에 노출되면 스트레스가 줄어들고, 인지 기능이 향상되며, 전반적인 정신적 안녕감이 높아진다.

자연광을 최대한 활용하는 것은 생체친화적 디자인의 핵심 전략이다. 하루 종일 다양한 각도에서 햇빛을 포착하도록 창문과 천창을 배치함으로써, 우리는 역동적이고 끊임없이 변화하는 주광의 특성을 공간에 불어넣을 수 있다. 거울과 밝은 색의 벽과 같은 반사면은 이 빛을 실내 깊숙이 반사시키는 데 도움이 되며, 얇은 커튼과 반투명 소재는 빛을 부드럽게 확산시켜 따뜻하고 매력적인 분위기를 연출한다.

식물을 도입하는 것도 생체친화적 디자인의 필수 요소이다. 식물은 공기를 정화하고 자연과의 시각적 연결고리를 제공할 뿐만 아니라, 공간에 생명력과 활기를 불어넣는다. 무성한 잎의 고사리부터 섬세한 다육식물에 이르기까지 실내에 녹지를 통합하는 방법은 무수히 많다. 살

자연광이 가득한 실내 공간과 다양한 식물이 어우러진 모습

아있는 벽, 걸개 식물, 화분에 심은 나무 등 모두 더 자연주의적이고 생체친화적인 환경 조성에 기여할 수 있다.

유기적 재료의 사용 또한 자연을 사랑하는 우리의 마음과 공명하는 공간을 만드는 데 중요하다. 나무, 돌, 면과 린넨 같은 천연 섬유는 모두 우리의 원초적 자아에 호소하는 따뜻함과 질감을 지니고 있다. 이러한 재료를 바닥재, 가구, 장식 요소에 도입함으로써 우리는 대지와 그 풍요로움과의 연결 감각을 만들어낼 수 있다.

물의 요소 또한 생체친화적 디자이너의 도구 상자에서 강력한 도구이다. 물을 보고 그 소리를 듣는 것은 뇌를 진정시키고 스트레스를 줄이며 휴식을 촉진하는 효과가 있는 것으로 나타났다. 분수, 물의 벽, 작은 수족관 등 모두 더 고요하고 자연에서 영감을 받은 실내 공간 연출에 기여할 수 있다.

이러한 주요 요소 외에도 유기적 형태와 패턴을 사용하면 공간의 생체친화적 특성을 더욱 강화할 수 있다. 자연에서 발견되는 곡선, 비대칭 선, 프랙탈 패턴 등을 모방한 디자인은 조화와 균형의 감각을 만들어내는 동시에 시각적 흥미와 복잡성을 제공한다.

생체친화적 디자인의 이점은 단순한 미학을 훨씬 뛰어넘는다. 우리의 진화적 유산과 조화를 이루는 환경을 조성함으로써 우리는 현대의 도시 공간에서 너무나 자주 결여되는 안녕감과 만족감을 증진시킬 수 있다. 연구에 따르면 생체친화적 사무실에서 일하는 직원들의 생산성이 더 높고, 생체친화적 교실에서 공부하는 학생들의 참여도가 더 높으며, 생체친화적 병원에서 치료받는 환자들의 회복 속도가 더 빠른 것으로 나타났다.

자연에서 영감을 받은 색채 팔레트를 도입하는 것 또한 자연계에 대한 뇌의 긍정적 반응을 활용하는 강력한 방법이다. 따뜻한 갈색, 부드러운 녹색, 은은한 회색 등 대지의 색조는 안정감과 견고함을 주는 반면, 일몰, 꽃 등 자연현상에서 차용한 밝은 색조는 공간에 에너지와 활기를 불어넣을 수 있다.

생체친화적 디자인에서 색채를 효과적으로 사용하는 핵심은 자연에서 색이 나타나는 방식에서 영감을 얻는 것이다. 평면적이고 획일적인 색조를 사용하기보다는 자연계에서 발생하는 것처럼 색조와 명도를 겹겹이 쌓아 올려 깊이감과 흥미로움을 만들어낼 수 있다. 예를 들어, 부드러운 녹색 계열의 그라데이션으로 칠해진 벽은 잎사귀에 둘러싸인 느낌을 불러일으킬 수 있고, 따뜻한 갈색과 금색이 어우러진 카펫은 숲

바닥의 풍부한 색감을 연상시킬 수 있다.

질감 또한 자연에서 영감을 받은 색채 팔레트에서 중요한 역할을 한다. 거칠게 다듬어진 돌부터 매끄럽고 광택 있는 나무에 이르기까지 다양한 질감의 재료를 사용함으로써 우리는 감각을 여러 층위에서 자극하는 촉각적 풍요로움을 만들어낼 수 있다. 이는 안락함과 휴식이 최우선시되는 침실과 욕실 같은 공간에서 특히 효과적일 수 있다.

생체친화적 실내 공간의 색상을 선택할 때는 만들고자 하는 분위기와 정서를 고려하는 것이 중요하다. 차갑고 은은한 톤은 평온함과 고요함을 불러일으켜 침실이나 명상실 같은 공간에 이상적이다. 반면 따뜻하고 생동감 있는 색조는 활력을 주고 기운을 북돋아 거실, 부엌, 기타 사교 공간에 잘 어울린다.

궁극적으로 진정한 생체친화적 실내 공간을 만드는 핵심은 시각적 요소뿐만 아니라 촉각적, 청각적, 심지어 후각적 특성까지 고려하여 디자인에 총체적으로 접근하는 것이다. 모든 감각을 자극하고 몰입적이고 자연에서 영감을 받은 환경을 조성함으로써 우리는 뇌와 자연계 사이의 깊이 있는 연결고리를 활용하여 공간을 떠난 후에도 오래도록 지속되는 안녕감과 만족감을 증진시킬 수 있다.

주택, 사무실부터 학교, 병원에 이르기까지 자연적 요소와 자연에서 영감을 받은 색채를 도입한 공간들은 그 안에 거주하는 사람들에게 분명한 영향을 미친다. 우리의 타고난 자연에 대한 사랑과 공명하는 환경을 만듦으로써 우리는 신체적 건강뿐만 아니라 정신적, 정서적 안녕감도 증진시킬 수 있으며, 현대 사회에서 너무나 자주 결여되는 연결감과 소속감을 키워나갈 수 있다.

기술과 인공 환경이 점점 지배하는 세상에서 생체친화적 디자인은 우리의 진화적 유산과 다시 연결되고 자연의 회복력을 활용할 수 있는 방법을 제시한다. 자연계의 색채, 빛, 질감을 건축 환경에 도입함으로써 우리는 눈을 즐겁게 할 뿐만 아니라 영혼을 풍요롭게 하는 세상, 공간을 떠난 후에도 오래도록 지속되는 행복감과 만족감을 주는 세상을 만들 수 있다.

불확실한 미래로 나아가는 우리에게 건강과 행복, 회복력을 증진하는 공간을 만드는 일의 중요성은 계속해서 커질 것이다. 생체친화적 디자인의 원칙을 수용하고 건축 환경에 자연에서 영감을 받은 요소를 도입함으로써 우리는 더 아름다울 뿐만 아니라 더 살기 좋고, 더 지속 가능하며, 자연계의 리듬과 더 조화를 이루는 세상을 만들어갈 수 있다.

## 당신의 뇌에 휴식을 선물하세요!

　도심 속 자연 체험 공간의 설계는 현대인들에게 절실히 필요한 '뇌에 휴식을 주는' 선물과 같다. 콘크리트 정글 속에서 녹색 오아시스를 조성함으로써, 우리는 정신적 안녕을 키우고 자연과의 깊은 유대감을 가질 수 있는 안식처를 만들어낼 수 있다.

　혼잡한 도심의 거리에서 벗어나 우거진 녹음이 가득한 공간에 들어서는 순간을 상상해 보라. 자동차 경적 소리 대신 나뭇잎이 부드럽게 스치는 소리와 새들의 지저귐이 들려온다. 이러한 도심 속 자연 오아시스는 지친 마음에 위안을 주고, 일상의 스트레스에서 잠시나마 벗어날 수 있는 도피처 역할을 한다. 이 푸른 안식처에 몸을 맡기는 것만으로도 뇌에 지대한 영향을 미쳐, 코르티솔 수치를 낮추고 평온함과 고요함을 느끼게 해준다.

효과적인 도심 자연 체험 공간을 설계하는 데 있어 핵심 요소 중 하나는 바로 생태적 디자인 원칙의 적용이다. 생태적 친화력, 즉 인간이 본능적으로 자연에 끌리는 성향은 우리의 내재된 자연과의 연결 욕구에 부응하는 공간을 만드는 데 활용될 수 있는 강력한 힘이다. 식물, 수경 요소, 유기적 재료 등 자연적 요소를 건축 환경에 통합함으로써, 우리는 조화와 균형의 감각을 불러일으키는 공간을 창조할 수 있다.

생태적 디자인의 이점은 단순한 미학을 넘어선다. 자연에 노출되는 것은 인지 기능을 향상시키고, 집중력을 높이며, 창의성을 증진시키는 것으로 밝혀졌다. 디지털 기기의 유혹과 정보 과부하가 일상화된 세계에서, 이 녹색 오아시스는 뇌에 꼭 필요한 휴식을 제공하여 재충전과 재집중을 가능케 한다. 공원, 광장, 심지어 사무실 건물 등 공공 공간에 생태적 요소를 도입함으로써, 우리는 정신적 안녕과 생산성을 높이는 환경을 조성할 수 있다.

도심 자연 체험 공간을 설계할 때 또 다른 중요한 측면은 바로 접근성이다. 사회경제적 지위나 신체적 능력에 관계없이 모든 도시 거주자가 이 녹색 오아시스에 쉽게 접근할 수 있도록 하는 것이 필수적이다. 누구나 이용 가능한 자연 산책로와 보행로 네트워크를 구축함으로써, 우리는 사람들이 일상에서 벗어나 자연의 회복력을 느낄 수 있도록 장려할 수 있다.

접근 가능한 자연 산책로는 이동에 제약이 있는 사람, 시각 장애인, 기타 장애를 가진 사람 등 다양한 이용자를 고려하여 설계되어야 한다. 넓고 평탄한 길, 휴식을 위한 벤치, 다국어로 제공되는 오디오 가이드 등은 이 산책로를 포용적이고 모두에게 열린 공간으로 만드는 요소 중 일부에 불과하다. 설계 과정에 지역 사회를 참여시키고 그들의 의견을 수렴함으로써, 우리는 실제로 이용자의 요구를 반영하는 공간을 만들어낼 수 있다.

도심 자연 체험 공간의 영향력은 개인적 차원을 넘어선다. 이 녹색 오아시스는 또한 사회적 상호작용과 결속을 촉진하는 지역 사회 모임의 장소로서 기능한다. 사회적 고립과 외로움이 증가하는 세상에서, 이 공간들은 사람들이 서로 교류하고 소속감을 키워나갈 수 있는 기회를 제공한다. 사회적 참여와 상호작용을 장려하는 공간을 설계함으로써, 우리는 정신 건강과 웰빙을 뒷받침하는 활기차고 번영하는 지역 사회를 만들어갈 수 있다.

결국 효과적인 도심 자연 체험 공간 설계의 핵심은 접근성, 보존, 지역 사회의 요구 사이에서 적절한 균형을 찾는 데 있다. 도심 환경 내 녹지 공간의 보존과 확장에 우선순위를 둠으로써, 우리는 뇌에 꼭 필요한 휴식처를 제공하는 회복의 오아시스 네트워크를 구축할 수 있다. 점심시간에 가까운 공원을 잠시 산책하든, 주말에 접근 가능한 자연 산책로를 따라 하이킹을 하든, 이런 경험들은 우리의 정신 상태를 변화시키고 자연 세계와의 깊은 연결을 도모할 수 있는 힘을 지니고 있다.

우리에게는 정신 건강과 행복을 뒷받침하는 건조 환경을 만들어낼 책임이 있다. 도심 자연 체험 공간의 설계를 통해 우리 뇌에 휴식을 선사함으로써, 우리는 더 행복하고 건강하며 회복탄력성 있는 공동체 조성에 기여할 수 있다. 생태적 친화력과 접근 가능한 설계의 힘을 받아들이고, 마음과 몸, 영혼을 살찌우는 녹색 오아시스를 함께 만들어 나가자. 우리가 일상 속에서 자연을 만나고 교감할 수 있는 공간이 도시 곳곳에 자리 잡는 그날을 위해 노력해야 할 것이다. 지친 현대인의 마음에 위로와 휴식을 선사하는 자연 체험 공간, 이는 우리가 도시에 남겨줄 수 있는 가장 소중한 선물이 될 것이다.

## 식물은 당신의 최고의 인테리어 파트너!

실내 공간에 녹색 식물을 들이는 것은 단순히 장식적인 목적 이상의 의미를 지닌다. 건축 환경이 인간의 심리와 행동에 미치는 영향을 연구하는 공간 심리학 관점에서 볼 때, 식물은 우리의 삶의 질을 향상시키는 소중한 동반자라 할 수 있다.

인간은 본능적으로 자연을 갈망하는 성향을 지니고 있다. 이를 생물 친화성 biophilia이라 하는데, 이는 오랜 진화의 과정 속에서 형성된 것으로 식물이 주는 심리적 혜택의 근간이 된다. 자연의 요소를 실내에 도입함으로써 우리는 이러한 본능을 자극하고, 이는 스트레스 감소, 기분 향상, 창의력 증진 등 다양한 방식으로 발현된다.

식물이 지닌 가장 주목할 만한 특성 중 하나는 공간에 고요함과 평온함을 부여하는 능력이다. 식물과 함께 있는 것만으로도 심박수, 혈압, 스트레스 수준을 낮추어 이완 상태를 촉진하며, 이는 정신적 안녕에 필수적이다. 특히 식물에 물을 주고 가지를 정리하며 돌보는 행위 자체가 명상적이고 마음을 안정시키는 경험이 될 수 있다.

나아가 식물은 우울감과 불안감을 해소하고 기분을 높이는 데에도 효과적이다. 식물과의 잠깐의 교감만으로도 엔도르핀이 분비되어 일상의 모든 면에 스며드는 만족감과 평화로움을 느낄 수 있다. 식물이 공기를 정화하고 습도를 높여 건강한 환경을 조성하는 것 역시 신체적, 정신적 건강을 증진하는 요인이 된다.

식물이 주는 심리적 혜택은 개인의 영역을 넘어 사회적 연결과 감정 표현의 측면에서도 발휘된다. 식물은 대화나 보답을 기대하지 않는 친구가 되어주어 편안함과 위로를 선사한다. 또한 그들에게 말을 걸고 감정을 표출하는 것은 비판이나 판단의 두려움 없이 마음을 열 수 있는 계기가 된다.

실내에 식물을 들이는 방법은 무궁무진하다. 작은 화분부터 대형 식물벽에 이르기까지 개인의 취향과 공간의 특성에 맞는 다채로운 방식을 선택할 수 있다. 연구에 따르면 5개 이상의 식물을 두는 것만으로도 긍정적인 감정이 크게 증가하며, 특히 녹황색이나 밝은 녹색은 쾌활함과 이완을 자극하는 것으로 나타났다. 또한 사람으로부터 3m 이내에 식물을 배치하는 것이 기분 향상과 스트레스 감소 효과를 극대화할 수 있다.

인상적인 실내 녹화를 원한다면 수직 정원이나 식물벽이 훌륭한 대안이 될 수 있다. 이러한 시스템은 풍성하고 시각적으로 매력적인 배경을 제공할 뿐 아니라 공기 질 개선, 에너지 절약, 심지어 식량 생산에 이르는 실용적 장점을 갖추고 있다. 수직 정원이나 식물벽을 설계하고 설치하는 과정 자체가 창의적이고 보람찬 경험이 될 수 있다.

실내 디자인에 식물을 도입하는 과정은 마음챙김과 의도를 갖고 접근

| 심리적 효과 | 작용 원리 | 적용 공간 |
| --- | --- | --- |
| 스트레스 감소 | 공기 중의 독소 제거, 시각적 피로 감소, 자연의 평온함 제공 | 사무실, 거실, 침실 |
| 기분 향상 | 시각적 즐거움 제공, 자연과의 연결감 형성 | 거실, 주방, 개인 작업 공간 |
| 창의력 증진 | 뇌의 창의적 사고 촉진, 새로운 아이디어 도출 | 작업실, 회의실, 스튜디오 |
| 사회적 연결감 | 공동의 관심사 제공, 대화 촉진, 사회적 연결감 강화 | 커뮤니티 공간, 사무실, 공동 작업 공간 |
| 집중력 향상 | 시각적 자극 감소, 자연적인 분위기 조성 | 공부방, 사무실, 도서관 |
| 행복감 증대 | 정서적 안정 제공, 삶의 만족도 및 행복감 증가 | 가정 내 모든 공간, 휴식 공간, 명상실 |

식물과 함께하는 실내 공간의 심리적 효과

해야 한다. 개인의 스타일에 맞고 공간의 요구에 부합하는 식물을 신중히 선택하는 시간을 가져야 한다. 또한 식물을 돌보는 일에 정성을 쏟으며 그들이 주는 아름다움과 연결감을 음미하는 순간을 가져야 한다.

명상 코너나 식물벽과 같은 녹색 공간을 따로 마련함으로써 일상의 스트레스에서 벗어나 휴식할 수 있는 안식처를 만들 수 있다. 이러한 공간은 바쁜 도심 속에서도 자연과 교감하며 느리게 살아가라는 것을 상기시켜 준다. 실내 식물과 식물벽이 주는 심리적 효과는 마음과 몸, 영혼을 치유하고 고양하는 자연의 힘을 보여주는 증거라 할 수 있다. 우리가 생활하는 공간에 자연의 혜택을 끌어들임으로써 우리는 삶의 모든 면으로 확장되는 안녕감을 도모할 수 있다.

실내 디자인에 식물과 식물벽을 활용하는 것은 소외감이 만연한 세상에서 행복과 회복력, 연결감을 키우는 강력한 도구가 될 수 있다. 생물친화적 디자인의 원리를 수용하고 식물이 주는 심리적 혜택을 우리의 생활과 업무 공간에 적용함으로써 우리는 인간 정신을 진정으로 지지하고 함양하는 환경을 만들어 낼 수 있다. 자연의 아름다움과 혜택을 우리의 삶에 끌어안는 방법을 공유하고 다른 이들에게 영감을 줌으로써, 우리는 보다 균형 잡히고 따뜻하며 생기 넘치는 세상을 가꿔갈 수 있으리라 믿는다.

## 숲은 우리의 치유 공간

초록빛 숲속을 거닐 때 우리는 어떤 느낌을 받을까? 나뭇잎 사이로 스며드는 햇살, 맑은 공기, 새소리와 풀벌레 소리까지. 자연 속에 있으면 절로 마음이 평온해지고 스트레스가 사라지는 듯한 기분을 느낄 수 있다. 이는 우리 인간이 본능적으로 자연을 그리워하고 있기 때문이다. 급격한 도시화로 인해 점점 자연에서 멀어지고 있는 현대인들에게 자연 친화적 건축은 이러한 자연에 대한 갈망을 해소해 주는 동시에 심신의 건강을 되찾아주는 힐링 공간으로 작용한다.

에드워드 윌슨(Edward O. Wilson)이 제안한 바이오필리아 가설 Biophilia Hypothesis에 따르면, 인간은 진화의 과정에서 형성된 자연에 대한 본능적인 애착을 가지고 있다. 이는 우리가 자연 환경에 노출되었을 때 신체적, 정서적으로 어떻게 반응하는지를 통해 알 수 있다. 자연 환경은 스트레스 수준을 낮추고, 인지 기능을 향상시키며, 전반적인 웰빙을 증진시키는 것으로 알려져 있다.

자연이 지닌 치유의 잠재력을 보여주는 가장 주목할 만한 사례 중 하나는 일본에서 유래한 산림욕 개념이다. 산림욕은 자연 환경에 온전히 몸을 맡기고, 모든 감각을 동원하여 숲이 주는 치유 효과를 충분히 흡수하는 것을 의미한다. 연구에 따르면 숲에서 시간을 보내는 것은 코르티솔 수치를 낮추고, 혈압을 낮추며, 면역 기능을 향상시키는 등 우리 신체의 건강에 큰 영향을 미친다.

바이오필릭 디자인 biophilic design의 원리는 이러한 자연의 회복력을 건축 환경에 접목하여 자연과의 유대감과 평온함을 불러일으키는 공간을 만드는 것을 목표로 한다. 실내 정원, 녹색 벽, 천연 소재, 풍부한 자연광 등의 요소를 도입함으로써 거주자들의 스트레스를 줄이고, 기분을 좋게 하며, 전반적인 웰빙을 향상시키는 공간을 조성할 수 있다.

바이오필릭 디자인이 실제로 적용된 인상적인 사례로는 싱가포르의 쿠텍푸아 병원 Khoo Teck Puat Hospital)을 들 수 있다. 이 혁신적인 의료 시설은 자연을 곳곳에 통합하여 치유의 환경을 조성하는 것을 목표로 설계되었다. 병원에는 무성한 정원, 녹색 지붕, 폭포가 있는 중앙 안뜰이 마련되어 환자와 직원들에게 평온하고 회복을 촉진하는 환경을 제공한다. 연구에 따르면 자연이 보이는 병실에 있는 환자들은 전통적인 병원 환경에 있는 환자들에 비해 입원 기간이 더 짧고, 진통제 사용량이 적으며, 회복 속도가 더 빠른 것으로 나타났다.

자연 친화적 건축의 이점은 의료 시설에만 국한되지 않는다. 직장에서 바이오필릭 디자인 요소를 도입하면 직원들의 생산성, 창의력, 직무 만족도가 높아지는 것으로 밝혀졌다. 아마존과 구글 같은 기업들은 이

쿠텍푸아 병원의 내부 전경 – 풍부한 녹음과 자연광이 가득한 모습
(출처 : 현대건설)

러한 개념을 수용하여 웰빙과 자연과의 연결을 장려하는 녹색 오피스 공간을 만들었다. 이러한 공간에는 풍부한 자연광, 실내 식물, 자연에서 영감을 받은 디자인 요소 등이 도입되어 휴식을 촉진하고 스트레스를 줄이는 역할을 한다.

교육 환경에서도 자연과의 접촉은 학업 성취도를 높이고 주의력결핍장애 증상을 완화하는 것과 관련이 있다. 야외 학습 공간, 녹색 운동장, 자연 기반 교육과정을 도입한 학교에서는 학생들의 참여도, 창의력, 전반적인 웰빙 수준이 더 높은 것으로 보고되었다. 테즈카 건축사무소가 설계한 도쿄의 후지 유치원은 개방형 교실, 풍부한 녹지, 나무가 가득한 안뜰을 갖추고 있어 아이들이 자연을 탐험하고 교감할 수 있도록 장려한다.

자연 친화적 건축의 치유 효과는 도시 계획에까지 확장된다. '녹색 도시' 개념은 녹지, 공원, 도시 숲을 도시 구조에 통합하는 것을 강조한다. 이러한 녹색 오아시스는 도시 생활의 스트레스로부터 소중한 휴식처를 제공하며, 휴식, 사회적 교류, 신체 활동의 기회를 제공한다. 연구에 따르면 녹지 인접 지역에 거주하는 것은 스트레스 수준 저하, 정신 건강 개선, 만성 질환 위험 감소와 관련이 있다.

도시화의 도전과 스트레스 관련 장애의 증가에 계속 직면하고 있는 우리에게 자연 친화적 건축의 중요성은 더욱 두드러진다. 자연 요소의 통합을 우선시하는 공간을 설계함으로써 우리는 건강, 행복, 웰빙을 증진하는 환경을 만들 수 있다. 신경건축학 neuroarchitecture 의 힘은 우리 인간과 자연의 본능적 연결과 우리가 거주하는 공간 사이의 간격을 좁히고, 더 조화롭고 충만한 삶을 향한 길을 제시하는 데 있다.

스트레스와 정신건강 문제가 증가하는 세상에서 자연 친화적 건축이 지닌 치유의 잠재력은 아무리 강조해도 지나치지 않다. 바이오필릭 디자인의 원칙을 수용하고 건축 환경에 자연 요소를 통합하는 것을 우선시함으로써, 우리는 웰빙을 키우고, 회복탄력성을 기르며, 자연과 더 깊은 유대감을 촉진하는 공간을 만들 수 있다. 앞으로 나아가면서 우리는 주변 환경이 정신적, 신체적 건강에 미치는 심오한 영향을 인식하고, 자연이 주는 치유의 손길을 담아내는 건축을 지향해야 한다. 자연과 어우러진 건축 공간 속에서 우리는 진정한 휴식과 재충전을 얻고, 삶의 활력을 되찾을 수 있을 것이다.

## 내추럴 소재로 완성하는 뇌 친화적 공간

우리는 일상 속 공간에서 보내는 시간이 얼마나 중요한 영향을 미치는지 인식하지 못한 채 살아가고 있다. 공간은 단순히 물리적인 구조물이 아닌, 인간의 감정과 행동에 지대한 영향을 미치는 환경이다. 이는 자연 소재와 질감, 패턴 등을 실내 공간에 적용함으로써 정신 건강 증진, 스트레스 감소, 삶의 질 향상 등의 효과를 기대할 수 있다.

바이오필릭 디자인에서 자연 소재의 사용은 매우 중요한 요소로 간주된다. 나무, 돌, 점토 회벽 등의 소재는 공간에 따뜻함과 편안함을 선사할 뿐만 아니라, 건강에도 다양한 이점을 제공한다. 예를 들어, 자연 목재에 노출되면 심박수와 혈압이 낮아지고 스트레스가 감소하며 인지 능력이 향상된다는 연구 결과가 있다. 이와 유사하게, 점토 회벽은 무독성의 통기성 소재로 습도 조절과 실내 공기 질 개선에 도움을 준다.

또한 대나무, 코르크, 재활용 목재 등 지속 가능하고 친환경적인 소재의 인기도 높아지고 있다. 이러한 재료는 더 건강한 실내 환경 조성에 기여할 뿐만 아니라, 폐기물 감소와 자연 자원 보존을 통해 환경 지속 가능성을 뒷받침한다.

자연에서 영감을 받은 질감과 패턴의 활용도 바이오필릭 디자인의 핵심이다. 유기적인 형태와 곡선 등의 생물학적 형태 Biomorphic forms 는 시각적 흥미와 안락함을 불러일으키며, 나뭇잎이나 파도에서 발견되는 프랙탈 패턴은 스트레스를 완화하고 창의력을 높이는 것으로 알려져 있다. 이러한 패턴은 벽지, 가구 직물, 예술품 등 다양한 디자인 요소에 적용될 수 있다.

목재와 석재 등 자연 소재에서 발견되는 유기적 질감 역시 시각적으로 자극적이고 회복력 있는 환경 조성에 일조한다. 이러한 질감은 자연과의 연결감을 불러일으키며, 가구나 벽면 등의 디자인 요소에 활용되어 통일감 있고 자연 친화적인 미학을 만들어낸다.

실내와 실외를 시각적으로 연결하는 것 또한 바이오필릭 디자인의 중요한 측면이다. 대형 창문, 채광창, 자연 모티브의 예술품 등은 외부의 자연을 내부로 끌어들여 연속성과 자연과의 연결감을 촉진한다. 이러한 시각적 연결은 공간의 심미적 매력을 높일 뿐만 아니라, 기분 향상, 스트레스 감소, 생산성 증대 등의 효과가 입증되었다.

조명 역시 바이오필릭 디자인에서 필수적으로 고려되어야 할 요소이다. 대형 창문과 채광창을 통해 자연광을 최대한 활용하는 것은 에너지 절약뿐만 아니라, 하루의 자연 주기를 따르는 역동적인 공간을 만들어낸다. 이처럼 자연 빛의 리듬과 연결되는 것은 거주자의 일주기 리듬에 긍정적인 영향을 미쳐 수면의 질과 전반적인 웰빙을 향상시킬 수 있다.

살아있는 식물을 실내 공간에 도입하는 것은 자연의 혜택을 실내로 가져오는 간단하면서도 효과적인 방법이다. 식물은 공간에 심미적 아름다움을 더할 뿐만 아니라, 독소와 오염 물질을 걸러내어 공기 질을 개선한다. 게다가 식물의 존재는 스트레스 감소, 기분 향상, 인지 능력 향상 등의 효과가 있는 것으로 나타났다.

바이오필릭 디자인 원칙을 적용할 때는 선택한 소재와 요소의 전반적인 일관성과 다양성을 고려하는 것이 중요하다. 유사한 재료를 공간 전반에 사용함으로써 통일된 느낌을 연출할 수 있으며, 부드러운 소재와 딱딱한 소재를 조합하고 다양한 질감을 활용하여 시각적 흥미를 유발할 수 있다.

바이오필릭 디자인의 심리적 혜택은 잘 연구되어 있으며, 점점 많은 연구 결과들이 이를 뒷받침하고 있다. 실내 환경에서 자연 요소에 노출되면 스트레스가 현저히 감소하고 기분이 개선되며 인지 기능이 향상된다는 사실이 지속적으로 입증되고 있다. 바이오필릭 디자인의 원칙을 이해하고 적용함으로써 환경 지속 가능성을 뒷받침할 뿐만 아니라, 거주자의 건강과 웰빙을 증진하는 공간을 만들어낼 수 있다.

결론적으로, 바이오필릭 디자인은 정신 건강, 인지 기능, 전반적인 웰빙을 지원하는 뇌 친화적 공간을 조성하는 강력한 접근법이다. 자연 소재와 질감, 패턴을 도입하고 자연광을 최대한 활용하며 살아있는 식물을 통합함으로써, 디자이너들은 자연과의 연결감을 촉진하고 거주자의 삶의 질을 높이는 회복력 있는 환경을 만들어낼 수 있다. 신경 건축학 Neuroarchitecture 분야가 발전함에 따라, 바이오필릭 디자인의 원칙은 우리가 생활하고 일하며 즐기는 공간을 형성하는 데 점점 더 중요한 역할을 할 것이 분명하다.

우리는 일상적으로 경험하는 공간이 우리의 감정과 행동에 지대한 영향을 미친다는 사실을 깨달아야 한다. 건축과 실내 디자인 분야에서 자연 요소를 통합하는 바이오필릭 디자인에 주목해야 하는 이유가 바로 여기에 있다. 자연 소재와 패턴, 채광, 식물 등을 활용하여 우리가 머무는 공간을 설계함으로써, 우리는 신체적, 정신적 건강을 증진하고 삶의 질을 한층 더 높일 수 있을 것이다. 앞으로 바이오필릭 디자인이 우리의 일상 공간에 더욱 널리 적용되기를 기대해 본다.

## 내 아이와 함께 자라는 생태 놀이터 만들기

아이가 태어나면 자연과 가까운 곳, 공원이 있는 곳, 숲이 형성된 지역을 부모들은 선호하게 된다. 아이와 함께 자라는 친환경 놀이터를 만드는 것은 자연과의 깊은 유대감을 형성하는 동시에 아이의 발달을 촉진하는 아름다운 방법이다. 세심한 설계 요소와 지속 가능한 재료를 통해 아이의 신체적, 인지적, 사회적 성장을 지원할 뿐만 아니라 환경에 대한 평생의 감사함을 심어줄 수 있는 공간을 만들 수 있다.

통나무, 바위, 물 요소 등 자연적인 요소를 탐험하며 감각을 자극하고 상상력을 불러일으키는 놀이터를 상상해 보자. 그늘을 제공하고, 시각적 흥미를 더하며, 지역 생태계를 지원하는 자생식물과 나무로 둘러싸인 공간에서 아이는 경이로움과 발견의 세계에 푹 빠질 수 있다.

 아이가 성장함에 따라 놀이터도 변화하는 요구와 관심사에 맞추어 진화할 수 있다. 연령에 적합한 도전과 활동을 통합함으로써 전체 발달 과정에서 공간이 지속적으로 매력적이고 의미 있게 유지될 수 있도록 보장할 수 있다. 유아기의 감각적 체험부터 연장자 아동의 문제 해결 능력에 이르기까지 잘 설계된 놀이터는 학습과 성장을 위한 무한한 기회를 제공할 수 있다.

 그러나 친환경 놀이터는 단순한 놀이 공간 이상의 의미를 지닌다. 또한 어린 시절부터 환경 보호에 대한 중요성을 가르칠 수 있는 강력한 도구이기도 하다. 퇴비화와 물 보존 같은 지속 가능한 재료와 친환경 관행을 도입함으로써 어린 나이부터 지구를 보살피는 것의 중요성을 아이들에게 가르칠 수 있다. 아이가 지역사회 정원을 가꾸며 식물의 생명 주기에 대해 배우거나, 태양열 놀이 장비를 실험하며 재생 가능 에너지의 경이로움을 발견하는 모습을 상상해 보자.

 물론 아동 발달을 진정으로 뒷받침하는 친환경 놀이터를 만들기 위해서는 신중한 계획과 전문 지식이 필요하다. 능력이나 배경에 관계없이 모든 아동이 환영받고 이용할 수 있도록 안전성, 접근성, 포용성과 같은 요소를 고려해야 한다. 또한 시간의 시험을 견디고 환경 영향을 최소화할 수 있는 재료와 설계 요소를 선택하여 놀이터의 장기적인 지속 가능성을 고려해야 한다.

하지만 올바른 접근 방식으로 친환경 놀이터는 아이와 지역사회에 진정으로 변혁적인 공간이 될 수 있다. 아이들이 함께 모여 놀고, 배우고, 성장하며 지속적인 우정과 추억을 만드는 곳이 될 수 있다. 이는 지속 가능성과 미래 세대의 안녕에 대한 헌신을 보여주는 이웃의 자부심의 원천이 될 수 있다. 그러므로 더 크게 꿈꾸고 아이가 더 크게 꿈꿀 수 있도록 영감을 주는 놀이터를 만들어 보자. 아이의 호기심과 창의력, 자연 세계에 대한 사랑을 키워줄 수 있는 공간을 만들고, 지속 가능한 삶의 중요성에 대한 깊은 이해를 바탕으로 내일의 지도자와 혁신가가 될 수 있는 도구를 제공해보자.

함께 우리는 단순한 놀이 공간 이상의 친환경 놀이터를 만들 수 있다. 이는 미래 세대를 위한 유산이자, 모든 아이를 위해 더 나은 세상을 만들겠다는 우리의 약속의 증거가 될 것이다. 그리고 이 특별한 공간에서 아이가 성장하고 번창할 때, 경이로움과 모험, 그리고 주변 세계와의 깊은 연결로 가득 찬 어린 시절을 선물했다는 사실에 자부심을 느낄 수 있을 것이다.

친환경 놀이터는 단순히 아이들의 신체 발달만을 돕는 것이 아니라, 자연과 함께 성장하며 지속 가능한 삶의 방식을 배울 수 있는 소중한 기회를 제공한다. 나무 그네에서 흙을 만지며 노는 것부터 태양광 에너지로 작동하는 놀이 기구를 체험하는 것까지, 자연 속에서의 놀이는 아이들에게 세상을 보는 새로운 관점을 열어준다.

이처럼 아이와 함께 자라는 친환경 놀이터는 우리 아이들에게 자연과 조화를 이루며 살아가는 방법을 가르쳐 주는 소중한 선물이다. 지속 가능한 재료로 만들어진 놀이 환경 속에서 아이들은 환경 보호의 중요성을 자연스럽게 체득하게 된다. 나아가 이러한 경험은 평생 동안 아이들의 마음속에 남아, 자연과 공생하는 삶의 자세를 가질 수 있게 해줄 것이다.

우리는 지금 이 순간부터 미래 세대를 위한 발걸음을 내딛어야 한다. 작은 변화의 시작이 모여 더 나은 내일을 만들 수 있음을 믿으며, 우리 아이들에게 자연과 함께 성장할 수 있는 놀이터를 선물하는 것은 어떨까. 그곳에서 아이들은 자연의 소중함을 깨닫고, 환경과 조화를 이루는 삶의 방식을 배우게 될 것이다. 우리의 노력이 모여 아이들에게 지속 가능한 미래를 물려줄 수 있기를 기대해 본다.

# 7 뇌에 날개를 다는 창의적 공간!

## 뇌에 날개를 다는 창의적 공간!

우리는 매일 다양한 공간에서 시간을 보내며, 공간에서 공간으로 이동한다. 또한 그 공간의 특성에 따라 감정과 생각, 행동이 달라진다. 특히 혁신과 창의성이 중요해진 오늘날, 뇌의 창의적 잠재력을 끌어내는 것은 개인과 조직 모두에게 최우선 과제가 되었다. 우리가 수많은 시간을 보내는 건축 환경, 즉 집, 사무실, 학교, 공공 공간 등의 디자인이 창의적 사고를 저해할 수도, 향상시킬 수도 있다는 점을 이해하는 것이 중요하다.

최근 신경과학의 발전은 뇌와 환경의 복잡한 관계에 대한 통찰을 제공하고 있다. 우리가 머무는 공간이 인지 과정, 감정, 전반적인 웰빙에 큰 영향을 미친다는 사실이 밝혀졌다. 우리는 창의성을 고취할 뿐만 아니라 최적의 뇌 기능과 정신 건강을 촉진하는 공간을 설계할 수 있다.

신경건축학 분야에서 주목할 만한 발견 중 하나는 창의적 사고에서 뇌의 디폴트 모드 네트워크 default mode network 의 중요성이다. 이 네트워크는 휴식과 마음의 방황 중에 활성화되며, 새로운 아이디어를 생성하고 예상치 못한 연결을 만드는 데 중요한 역할을 한다. 자연광, 편안한 좌석, 최소한의 방해 요소 등 편안하면서도 집중할 수 있는 정신 상태를 촉진하는 환경은 디폴트 모드 네트워크를 활성화하고 창의성을 높일 수 있다.

유익한 정신 상태를 만드는 것 외에도, 새롭고 복잡한 자극에 노출되는 것은 뇌의 보상 시스템을 자극하고 창의적 탐구를 장려할 수 있다. 예술, 음악, 자연 요소를 건축 환경에 통합하면 상상력을 자극하고 새로운 아이디어를 고취하는 풍부한 감각 경험을 제공할 수 있다. 또한 자유로운 움직임과 신체 활동이 가능한 공간은 뇌로의 혈류량을 증가시켜 인지적 유연성과 확산적 사고를 촉진한다.

최적의 창의적 성과를 위해 공간을 설계할 때, 협업과 아이디어의 교차 수분을 장려하는 개방적이고 유연한 레이아웃이 필수적이다. 물리적 장벽을 허물고 우연한 만남과 자발적인 대화의 기회를 만듦으로써, 이러한 공간은 커뮤니티 의식을 조성하고 지식과 관점의 교환을 촉진한다.

식물, 자연광, 유기적 재료 등 자연 요소를 통합하는 바이오필릭 디자인 biophilic design은 스트레스를 줄이고 웰빙 감각을 촉진하여 창의적 성과 향상으로 이어진다. 외부 환경을 내부로 들이고 자연과의 연결을 만듦으로써, 이런 공간은 마음이 방황하고 새로운 아이디어를 탐색할 수 있는 평온하고 회복력 있는 환경을 제공한다.

창의성을 위한 공간 설계의 또 다른 핵심 요소는 다양한 작업 방식과 창의적 프로세스에 맞는 다양한 작업 공간을 제공하는 것이다. 집중 작업을 위한 조용한 공간부터 브레인스토밍을 위한 공동 공간까지, 다양한 선택지를 갖추면 개인이 특정 순간에 가장 적합한 환경을 선택할 수 있다. 색상, 질감, 조명의 사려 깊은 사용은 상상력을 자극하고 실험을 장려하는 영감을 주는 시각적 자극 환경을 만들 수 있다.

혁신적인 창의 공간의 힘을 보여주기 위해서는 세계 유수 기업과 기관의 사례를 살펴보면 된다. 캘리포니아 에머리빌에 위치한 픽사 애니메이션 스튜디오의 캠퍼스는 협업과 창의성을 조성하도록 설계된 공간의 대표적인 예다. 우연한 만남과 자발적인 대화를 장려하는 중앙 아트리움은 아이디어의 교차 수분의 중요성을 증명한다.

마찬가지로 구글의 전 세계 사무실은 슬라이드, 낮잠 포드, 테마 회의실 등 유쾌하고 독특한 디자인 요소로 잘 알려져 있다. 이런 공간은 직원들이 틀에 박힌 사고에서 벗어나도록 장려하는 재미있고 매력적인 환경을 제공함으로써 창의성과 혁신을 자극하는 것을 목표로 한다.

사회 혁신 영역에서는 캐나다 토론토의 센터 포 소셜 이노베이션 Centre for Social Innovation과 같은 공간이 역사적 건축물과 현대적 디자인이 어떻게 결합하여 변화를 만드는 사람들을 위한 영감을 주는 환경을 만들 수 있는지 보여준다. 협력적이고 포용적인 공간을 제공함으로써, 이 센터는 커뮤니티 의식을 조성하고 개인이 창의성과 열정으로 복잡한 사회 문제에 도전할 수 있도록 한다.

마지막으로, 스탠포드 디스쿨의 아이디어 플레이그라운드 Idea Playground는 창의 공간에서 유연성과 실험의 중요성을 보여준다. 빠른 반복과 협업을 가능하게 하는 이동식 가구와 화이트보드를 갖춘 이 공간은 학생과 교수진이 창의 과정의 혼란스럽고 반복적인 특성을 받아들이도록 장려한다.

점점 더 복잡하고 빠르게 변화하는 세상을 헤쳐나가기 위해, 창의적으로 사고하고 혁신할 수 있는 능력은 그 어느 때보다 중요해졌다. 창의적 환경의 신경과학을 이해하고 신경건축학의 원리를 적용함으로써, 우리는 창의성을 고취할 뿐만 아니라 최적의 뇌 기능과 정신 건강을 촉진하는 공간을 설계할 수 있다. 직장, 교실, 가정 등 어디에서든 뇌에 날개를 달아주는 환경을 조성하는 것은 우리의 창의적 잠재력을 최대한 발휘하고 모두를 위한 더 밝은 미래를 만드는 데 필수적이다.

## 창의력은 공간에서 시작된다!

우리는 매일 다양한 공간에서 시간을 보내며, 그 공간의 특성에 따라 감정과 생각, 행동이 달라진다. 공간 디자인이 창의적 사고를 자극하는 방법에 대해 알아보는 것은 개인의 잠재력을 끌어내고 혁신을 촉진하는 데 매우 중요하다. 신경 건축학 neuroarchitecture 의 관점에서 보면, 우리의 뇌와 건축 환경 사이에는 복잡한 상호 작용이 존재한다. 이러한 관계를 이해함으로써 우리는 공간의 힘을 활용하여 인지 능력, 정서적 웰빙, 그리고 전반적인 행복을 향상시킬 수 있다.

창의성을 고취하는 공간을 디자인하는 데 있어 가장 중요한 요소 중 하나는 유연성을 수용하는 것이다. 유연한 공간은 개인과 팀의 끊임없이 변화하는 요구에 적응할 수 있는 놀라운 능력을 가지고 있으며, 탐색, 실험, 협업을 장려하는 환경을 제공한다. 물리적 장벽을 제거하고 적응 가능한 가구와 인프라를 통합함으로써 이러한 공간은 아이디어의 원활한 교환을 촉진하고 혁신 문화를 조성한다. 직장, 교육 기관 또는 기타 어떤 환경에서든 유연한 공간은 우리가 생각하고, 일하고, 창조하는 방식을 변화시킬 수 있는 힘을 가지고 있다.

유연한 공간의 잠재력을 진정으로 활용하기 위해서는 기술의 통합을 고려하는 것이 중요하다. 오늘날의 디지털 시대에는 전원 콘센트, 네트워크 연결성, 장비 보관 등에 대한 접근성이 다양한 활동과 기술적 요구 사항을 지원하는 데 필수적이다. 이러한 요소를 디자인에 매끄럽게 통합함으로써 우리는 현재의 요구에 적응할 뿐만 아니라 미래의 요구도 예측할 수 있는 공간을 만들 수 있다. 더욱이 음향과 미학에 대한 신중한 고려는 전반적인 사용자 경험을 향상시키는 데 중요한 역할을 하며, 기능적이면서도 영감을 주는 환경을 조성한다.

유연한 공간의 장점은 많지만, 유연성과 기능성의 균형을 맞추는 데 따르는 어려움도 인식해야 한다. 디자이너는 적응 가능한 공간을 만드는 동시에 그 공간이 여전히 본래의 목적에 필요한 기반 시설과 편의 시설을 제공하도록 미묘한 균형을 유지해야 한다. 이를 위해서는 사용자의 특정 요구 사항에 대한 깊은 이해와 전통적인 디자인의 한계를 뛰어넘는 혁신적인 솔루션을 모색하려는 의지가 필요하다.

 유연한 공간의 영감을 주는 사례는 프라다 트랜스포머 Prada Transformer와 더 쉐드 The Shed 의 혁신적인 건축으로부터 다양한 맥락을 찾아볼 수 있다. 이러한 공간은 창의성, 협업, 혁신을 촉진하는 환경을 만들어내는 적응형 디자인의 놀라운 잠재력을 보여준다. 이러한 사례를 연구하고 유연한 디자인의 원칙을 적용함으로써 우리는 현재의 요구를 충족시킬 뿐만 아니라 미래의 도전에도 적응할 수 있는 공간을 만들 수 있다.

Prada Transformer, Seoul
(출처 : arquitecturaviva)

유연성 외에도 창의적 사고를 자극하는 공간을 디자인할 때 색상 구성과 조명의 심리적 영향을 간과해서는 안 된다. 색상은 특정 감정을 불러일으키고 인지 과정에 영향을 미칠 수 있는 놀라운 능력을 가지고 있다. 원색과 그 강도가 미치는 효과를 이해함으로써 우리는 상상력과 혁신을 고취하는 환경을 전략적으로 조성할 수 있다. 예를 들어, 노란색의 활기찬 특성은 자신감을 높이고 창의성을 자극할 수 있어 혁신과 기업가 정신에 전념하는 공간에 탁월한 선택이 될 수 있다.

그러나 색상의 영향력은 개별 색조를 넘어선다. 색상이 공간 내에서 결합되고 맥락화되는 방식은 그 효과를 크게 변화시킬 수 있다. 서로 다른 색상 조합을 실험하고 그들이 서로 그리고 주변 환경과 어떻게 상호 작용하는지 연구함으로써 우리는 창의성을 불러일으키고 생산성을 높이는 시각적으로 자극적인 환경을 만들 수 있다. 더욱이 이러한 맥락에서 조명의 역할을 과소평가해서는 안 된다. 빛이 색상 및 물체와 상호 작용하는 방식은 그것들에 대한 인식을 극적으로 변화시킬 수 있으므로 색상 구성과 조명 디자인 간의 상호 작용을 고려하는 것이 필수적이다.

색채와 빛의 힘을 공간 디자인에 효과적으로 활용하기 위해서는 실제 적용에 참여하고 유용한 자원을 찾아보는 것이 중요하다. 색상표를 실험하고, 빛이 물체에 미치는 영향을 연구하며, 실제 대상을 그려보는 것은 이러한 원칙에 대한 이해를 심화시키고 실제 시나리오에서 효과적으로 적용할 수 있게 해준다.

창의성을 촉진하는 공간을 설계하는 데 있어 또 다른 중요한 측면은 바이오필릭 디자인 biophilic design 원칙을 수용하는 것이다. 바이오필릭 디자인은 인지 기능과 창의적 문제 해결 능력을 향상시키기 위해 자연 요소와 패턴을 건축 환경에 통합하는 것을 포함한다. 개인을 자연과 다시 연결함으로써 바이오필릭 디자인은 생물과 연결되고자 하는 우리의 타고난 인간적 경향을 활용하여 웰빙을 증진하고 혁신을 고취하는 공간을 만든다.

바이오필릭 디자인의 주요 원칙에는 식물, 동물, 물, 자연광과 같은 자연 요소를 공간에 직접 통합하고, 자연 재료와 패턴을 사용하여 자연과의 간접적인 연결을 만들며, 자연 과정과 환경을 모방하는 공간을 설계하는 것이 포함된다. 이러한 원칙을 적용함으로써 우리는 인지 성능을 향상시키고 창의성을 높일 뿐만 아니라 스트레스를 줄이고 전반적인 웰빙을 촉진하는 환경을 조성할 수 있다.

바이오필릭 디자인의 인지적, 창의적 이점은 잘 알려져 있다. 자연 요소와 경관에 노출되는 것은 인지 기능을 향상시키고, 생산성을 높이며,

창의적 유창성을 강화하는 것으로 밝혀졌다. 우리의 공간에 바이오필릭 요소를 통합함으로써 우리는 자연의 회복력을 활용하여 정신적 피로를 줄이고 평온함과 집중력을 증진할 수 있다. 더욱이 바이오필릭 디자인은 특히 의료 환경에서 환자의 결과를 개선하고 스트레스 수준을 낮추는 등 상당한 치료 효과가 있는 것으로 나타났다.

바이오필릭 디자인의 개념이 위압적으로 보일 수 있지만, 그 원칙을 우리의 일상 공간에 통합할 수 있는 간단하고 경제적인 방법이 있다. 커튼과 창문을 열어 자연광을 최대한 활용하고, 자주 사용하는 공간 근처에 관리하기 쉬운 식물을 추가하며, 가구와 장식에 나무, 대나무, 돌과 같은 자연 재료를 활용하는 것은 모두 자연과의 연결을 만들고 공간의 전반적인 분위기를 향상시키는 효과적인 방법이다.

우리가 신경 건축학의 매혹적인 세계와 그것이 우리의 삶을 변화시킬 수 있는 잠재력을 계속 탐구함에 따라, 우리가 거주하는 공간이 우리의 인지 능력, 정서적 웰빙, 그리고 전반적인 행복에 지대한 영향을 미친다는 점이 점점 더 분명해진다. 유연한 디자인의 원칙을 수용하고, 색상 구성과 조명의 심리적 영향력을 활용하며, 건축 환경에 바이오필릭 요소를 통합함으로써 우리는 창의적 사고를 자극할 뿐만 아니라 웰빙과 주변 세계와의 연결 감각을 촉진하는 공간을 만들 수 있다.

우리는 우리 삶을 형성하는 공간을 만들 수 있는 힘을 가지고 있다. 뇌와 건축 환경 사이의 복잡한 관계를 이해함으로써 우리는 혁신을 고취하고 협업을 촉진하며 개인과 공동체의 잠재력을 최대한 끌어낼 수 있는 환경을 조성할 수 있다. 신경 건축학 원칙의 적용을 통해 우리는 현재의 기능적 요구를 충족시킬 뿐만 아니라 미래의 도전에도 적응할 수 있는 공간을 설계할 수 있으며, 이는 우리가 더 행복하고 건강하며 보람찬 삶을 살 수 있게 해준다.

그러므로 우리는 공간의 힘을 포용하고 발견, 창의성, 혁신의 여정에 나서야 한다. 우리의 마음을 자극하고, 영혼을 키우며, 상상력을 고취하는 공간을 설계함으로써 우리는 더 아름다울 뿐만 아니라 인간 번영에 더 적합한 세상을 만들 수 있다. 우리의 잠재력을 최대한 발휘하는 비결은 우리가 거주하는 공간에 있으며, 그 힘을 활용하여 모두를 위해 더 밝고 창의적인 미래를 만드는 것은 우리에게 달려 있다.

## 업무 효율을 높이는 뇌 친화적 오피스 디자인

우리가 일상적으로 머무는 공간은 단순히 물리적인 환경을 넘어 우리의 정서와 인지, 행동에 지대한 영향을 미친다. 이러한 관점에서 바라본 업무 공간 디자인은 단순히 업무 효율성 제고를 넘어 구성원들의 전반적인 웰빙을 도모하는 데 중요한 역할을 한다.

뇌 친화적 사무 공간을 디자인할 때 가장 먼저 고려해야 할 요소는 자연과의 연결성이다. 실내에 녹지를 도입하고, 자연 소재를 활용하며, 자연광이 풍부하게 들어올 수 있도록 설계한다. 이는 직원들의 스트레스 수준을 37%까지 낮추고 피로감을 38%나 감소시키는 효과가 있다. 또한, 식물이 풍부한 실내 환경은 공기 정화에도 도움을 주어 보다 건강한 업무 공간을 조성한다.

다음으로 감각적 요소를 전략적으로 배치하는 것이 중요하다. 오전에는 각성도를 높이는 푸른빛이 강화된 조명을, 오후에는 이완을 돕는 따뜻한 색온도의 조명을 사용하여 자연스러운 일주기 리듬을 모사할 수 있다. 조명을 바꾸는 것만으로도 멜라토닌의 분비를 억제하거나 분비시킬 수 있다. 또한, 집중도와 정확성을 높이는 빨강, 파랑, 초록 등의 밝은 색상을 전략적으로 배치하고, 정신적 명료함과 통제력을 지원하는 공간에는 차분한 파란색을 활용할 수 있다.

개방적 협업 공간과 아늑하고 보호된 개별 작업 공간의 균형 잡힌 배치도 뇌 친화적 사무 환경 조성에 필수적이다. 이는 뇌의 본능적인 전망Prospect과 은신처Refuge에 대한 욕구를 동시에 충족시킨다. 더불어 개인의 인지 스타일과 감각 민감도에 따른 다양한 업무 공간을 제공함으로써 신경다양성Neurodiversity을 존중하고 포용하는 환경을 만들 수 있다.

감각 요소의 전략적 활용도 인지 기능 향상에 크게 기여한다. 소음 차단 기술과 아로마 디퓨저를 적절히 사용하면 집중력을 47%, 단기 기억 정확도를 약 10% 향상시킬 수 있다. 협업과 집중 업무를 모두 지원

뇌 친화적 사무실 공간 투시도
바이오필릭 디자인이 적용된 협업 공간

하는 공간 배치는 생산성을 15% 높이고 창의성을 증진하는 데 도움이 된다.

뇌 친화적 사무 환경은 우수 인재 유치와 유지에도 강력한 도구가 된다. 직원의 웰빙을 중시하고 인지 성능을 지원하는 환경을 조성함으로써 기업은 긍정적인 이미지를 구축하고 혁신과 성장의 문화를 조성할 수 있다. 이러한 디자인 선택으로 인한 직원 만족도 향상은 결근율 감소와 업무 성과 향상으로 이어진다.

신경건축학 원리를 사무실 디자인에 적용하는 것은 단순히 미학적 차원을 넘어 조직의 가장 가치 있는 자산인 인적 자원에 대한 전략적 투자이다. 뇌의 자연스러운 경향성에 부합하고 전반적인 웰빙을 증진하는 업무 공간을 조성함으로써 우리는 인력의 잠재력을 최대한 끌어내고 번영하는 생산적이고 보람찬 업무 환경을 가꿀 수 있다.

우리는 사람들이 삶의 상당 부분을 보내는 공간을 구성할 수 있는 힘을 가지고 있다. 뇌를 고려한 디자인을 통해 우리는 기업의 성공을 뒷받침할 뿐만 아니라 그 공간을 점유하는 개인의 행복과 웰빙에도 기여하는 사무 환경을 만들어낼 수 있다. 이제 직장을 몸과 마음, 영혼을 키우는 공간으로 재정의하고, 이를 통해 보다 생산적이고 혁신적이며 보람찬 업무의 미래를 열어갈 때이다.

## 공간 혁신으로 비즈니스 혁신을 이끌다!

공간 혁신을 통한 기업의 성장 동력, 창의적인 공간 활용 사례들이 이를 뒷받침한다. 치열한 경쟁 속에서 혁신을 주도하는 기업들은 창의적인 공간 활용을 통해 기업 성장의 핵심 동력으로 삼고 있다. 오늘날의 빠르게 변화하는 비즈니스 환경에서 직원들이 일하는 물리적 환경은 협업, 창의성, 생산성을 촉진하는 데 결정적인 역할을 한다. 기업들은 전통적인 사무 공간을 재구성하고 혁신적인 디자인 원칙을 도입함으로써 경쟁에서 앞서나갈 수 있는 새로운 차원의 성공을 이룰 수 있다.

현대 업무 공간에서 가장 혁신적인 트렌드 중 하나는 유연한 좌석 배치의 도입이다. 고정된 자리와 칸막이가 있는 경직된 시대는 지나갔다.

대신 기업들은 핫 데스킹hot desking, 활동 기반 근무activity-based working, ABW, 그리고 역동적인 상호작용과 아이디어 공유를 장려하는 협업 공간을 도입하고 있다. 이러한 유연한 좌석 옵션은 협업을 강화할 뿐만 아니라 직원들의 다양한 요구와 선호도를 충족시켜 웰빙과 직무 만족도를 향상시킨다.

성공적인 유연 좌석 전략을 구현하기 위해서는 신중한 계획과 직원들의 참여가 필요하다. 현재 사무실 사용 패턴을 분석하고 직원들의 의견을 수렴함으로써 기업은 팀의 업무 리듬에 맞는 레이아웃을 설계하고 다양한 업무 스타일을 지원할 수 있다. 잘 설계된 유연 좌석 배치도는 다양한 옵션을 제공하여 직원들이 작업에 적합한 구역으로 안내하고 생산성과 자유를 모두 촉진한다.

바이오필릭 디자인은 식물, 자연광, 유기적 재료와 같은 자연 요소를 사무 환경에 통합하여 직원의 웰빙과 생산성을 높이는 것을 의미한다. 이러한 접근 방식은 인간이 본능적으로 자연과의 연결을 추구하는 경향을 활용하여 야외의 이점을 직장으로 가져온다.

바이오필릭 디자인이 직원 성과에 미치는 영향은 상당하다. 식물의 존재만으로도 빌딩증후군을 유발하는 유해한 휘발성 유기 화합물VOCs을 최대 75%까지 줄여 공기 질을 개선하고 질병 관련 결근을 30% 줄일 수 있다. 더욱이 화분과 충분한 자연광과 같은 자연 요소는 생산성과 창의력을 각각 15% 향상시킬 수 있다.

직원 건강과 성과에 대한 가시적인 이점 외에도 바이오필릭 디자인은 인재 유치와 기업 이미지에서도 중요한 역할을 한다. 최고의 인재들이 긍정적인 근무 환경을 중요하게 여기는 시대에 자연 요소를 통합하는 것은 숙련된 직원을 유치하고 유지하는 데 핵심 차별화 요소가 될 수 있다. 더욱이 바이오필릭 디자인에 대한 헌신은 직원 웰빙에 대한 기업의 전념을 보여주어 업계에서의 평판과 위상을 높인다.

상업 환경에서 사물인터넷IoT과 인공지능AI 통합의 확산은 공간 활용 최적화를 위한 새로운 가능성을 열어주었다. 보안 시스템, 온도 조절기, 조명과 같은 연결된 장치는 통행량 패턴, 최대 사용 시간, 점유율에 대한 귀중한 데이터를 수집할 수 있다. AI 기반 분석과 결합된 이 정보는 코워킹 매니저들이 레이아웃 최적화에 대한 데이터 기반 의사 결정을 내릴 수 있게 하여 사무 공간의 모든 평방 피트를 효율적으로 사용할 수 있도록 한다.

협업 도구는 현대 직장에서 필수 불가결한 요소가 되었으며, 클라우드 기반 솔루션은 위치에 관계없이 직원들이 원활하게 연결하고 협력할 수 있게 만들었다. 파워비엑스PowerBx와 같은 회사에서 제공하는 가상 현실 투어는 물리적 업무 환경과 가상 업무 환경을 혼합하여 혁신과 팀워크를 촉진하는 몰입형 경험을 만들어냄으로써 협업을 한 단계 높은 수준으로 끌어올린다.

직원 중심의 앱도 직원 경험을 향상시키는 강력한 도구로 등장했다. 이러한 앱은 내부 커뮤니케이션, 급여 관리, 기타 일상적인 업무를 위한 중앙 집중식 플랫폼을 제공하여 프로세스를 간소화하고 전반적인 효율성을 개선한다. 기업들은 직원의 요구를 최우선으로 고려함으로써 생산성과 직무 만족도를 높이는 더욱 매력적이고 지원적인 업무 환경을 조성할 수 있다.

전통적인 사무실 환경에서 종종 좌절과 비효율의 원인이 되는 회의실도 기술 덕분에 변화를 겪고 있다. 회의실 예약 소프트웨어와 통합된 지능형 회의실 패널 및 센서는 회의 공간이 최적으로 사용되도록 보장한다. 직원들은 디지털 길찾기 솔루션의 도움을 받아 쉽게 회의실을 예약하고, 사용 가능한 공간을 찾으며, 업무 환경을 탐색할 수 있어 시간을 절약하고 스트레스를 줄일 수 있다.

기업이 현대 인력의 변화하는 요구에 지속적으로 발맞추어 나감에 따라 공간 혁신은 기업 성장을 주도하는 데 점점 더 중요한 역할을 하게 될 것이다. 유연한 좌석 배치, 바이오필릭 디자인, 기술 통합과 같은 창의적인 공간 활용 전략을 수용함으로써 기업은 혁신과 성공을 촉진하는 역동적이고 협력적이며 영감을 주는 업무 공간을 만들 수 있다.

이러한 공간 혁신의 이점은 사무실 벽을 훨씬 넘어선다. 직원들이 웰빙, 창의성, 생산성을 증진하는 환경에서 일할 수 있을 때 그들은 더 많이 참여하고, 동기를 부여받으며, 업무에 헌신할 가능성이 높아진다. 이는 결과적으로 직무 만족도 향상, 이직률 감소, 궁극적으로는 비즈니스 성과 개선으로 이어진다.

더욱이 공간 혁신을 통해 직원 웰빙과 지속 가능성에 대한 헌신을 보여줌으로써 기업은 브랜드 이미지를 강화하고 사회적 책임을 중시하는 소비자와 투자자를 끌어들일 수 있다. 기업의 사회적 책임이 점점 더 중요해지는 시대에 혁신적인 업무 공간에 투자하는 것은 비즈니스 관행을 이해 관계자의 가치 및 기대와 일치시키는 강력한 방법이 될 수 있다.

미래를 내다볼 때, 공간 혁신을 기업 성장의 핵심 동력으로 받아들이는 기업이 가장 성공적일 것임이 분명하다. 직원들에게 영감을 주고,

연결하며, 역량을 강화하는 업무 공간을 만듦으로써 기업은 창의성, 협업, 생산성의 새로운 차원을 열어 끊임없이 변화하는 비즈니스 환경에서 장기적인 성공을 위한 발판을 마련할 수 있다.

공간 혁신으로 가는 길이 항상 쉽지만은 않겠지만, 그 보상은 노력할 만한 가치가 있다. 직원 중심의 업무 공간 설계와 기술 통합에 전략적으로 접근함으로써 기업은 비즈니스 목표를 지원할 뿐만 아니라 혁신, 웰빙, 성장의 문화를 조성하는 환경을 만들 수 있다.

점점 더 많은 기업이 공간 혁신의 변혁적 힘을 인식함에 따라 현대 시대의 업무 방식을 재정의하는 창의적이고 영감을 주는 업무 공간의 물결을 기대할 수 있다. 일의 미래는 바로 여기에 있으며, 그것은 건축 환경의 가능성을 재구상할 수 있는 혁신적인 기업들에 의해 만들어지고 있다.

## 아이디어가 번쩍이는 회의실 만들기

회의실은 단순히 사람들이 모여 의견을 나누는 공간 이상의 의미를 지닌다. 회의실의 디자인은 창의적인 아이디어를 불러일으키고, 협업을 촉진하며, 혁신을 이끄는 데 중추적인 역할을 한다. 효과적인 회의 공간을 설계하기 위해서는 심리학, 디자인, 기술의 삼위일체를 조화롭게 활용하는 것이 핵심이다.

우선 협업 공간의 심리학적 측면을 살펴보면, 공간 배치가 사회적 상호작용과 협력에 미치는 영향을 이해하는 것이 중요하다. 조명, 음향, 온도와 같은 환경적 요소는 창의성을 고취시키는 데 중요한 역할을 한다. 개방적인 의사소통을 장려하기 위해서는 심리적 안전감과 편안함을 제공하는 것이 필수적이다.

참여와 상호작용을 촉진하는 디자인은 다양한 그룹 규모와 활동에 맞게 유연하고 적응 가능한 가구 배치를 통해 구현된다. 색채 심리학과 시각적 요소를 활용하여 창의성을 자극하고 아이디어를 고무시킬 수 있다. 또한 자연 요소와 생물 친화적 디자인 원칙을 통합하여 웰빙과 인지 성능을 향상시킬 수 있다.

기술을 활용한 협업 증진을 위해서는 인터랙티브 화이트보드와 디지털 협업 도구를 활용하여 아이디어 공유를 원활하게 하는 것이 중요하다. 오디오-비주얼 시스템과 무선 연결을 통해 원격 협업과 프레젠테이션을 지원할 수 있다. 그러나 인간의 상호작용과 대면 의사소통의 균형을 유지하면서 기술을 통합하는 것이 중요하다.

아이디어가 불꽃처럼 타오르는 회의실을 디자인하는 것은 인간 경험에 대한 깊은 이해를 필요로 하는 예술이다. 유형과 무형, 물리적인 것과 심리적인 것 사이의 섬세한 상호작용이 요구된다. 창의성을 육성하고, 참여를 촉진하며, 기술의 힘을 활용하는 공간을 만들어냄으로써 우리는 협업의 진정한 잠재력을 발휘할 수 있다.

이상적인 회의실에서는 아이디어가 탄생하고, 파트너십이 구축되며, 불가능한 것이 가능해진다. 잘 설계된 회의실의 벽 안에서 미래가 형성되고, 영감의 불꽃이 하나씩 타오른다. 우리는 협업 공간의 디자인에 심혈을 기울임으로써 조직의 창의성과 혁신을 극대화할 수 있다. 심리학적 안전을 제공하고, 참여를 장려하며, 기술을 현명하게 활용하는 회의실은 아이디어가 꽃피고 성장할 수 있는 비옥한 토양이 된다.

협업의 힘을 최대한 발휘하기 위해서는 물리적 공간의 중요성을 인식하고, 회의실 디자인에 전략적으로 접근해야 한다. 심리학, 디자인, 기술의 교차점에서 탄생하는 최적의 회의 공간은 창의성을 자극하고, 혁신을 촉진하며, 조직의 성공을 이끄는 원동력이 될 것이다. 우리는 협업의 성지인 회의실을 통해 집단 지성의 힘을 마음껏 발휘할 수 있다.

## 직원이 행복해야 회사도 행복하다!

　직장에서 보내는 시간은 하루 중 상당 부분을 차지한다. 이 시간이 얼마나 의미 있고 가치 있게 느껴지는지에 따라 직원들의 만족도와 행복감이 크게 달라질 수 있다. 업무공간의 물리적 환경, 사회적 분위기, 개인의 성장과 발전 기회 등은 모두 직원 경험을 형성하고 궁극적으로 기업의 번영을 좌우하는 데 중요한 역할을 한다.

　인체공학적으로 설계되어 하루 종일 몸을 편안하게 지지해주는 가구, 눈의 피로를 줄이고 집중력을 높여주는 조명, 생산성을 촉진하는 쾌적한 온도 등 세심하게 구성된 물리적 업무 환경을 떠올려 보자. 이는 직원들의 기분과 업무 수행 방식을 변화시킬 수 있는 힘을 가지고 있다. 하지만 훌륭한 업무공간은 물리적 요소를 넘어선다. 개방적인 소통, 협업, 팀워크가 살아 숨 쉬는 긍정적인 사회적 분위기를 조성하는 것도 중요하다. 정기적인 대화, 적극적인 경청, 명확한 기대치 설정 등은 신뢰와 이해의 기반이 된다. 사교 행사나 동료 지원 프로그램 같은 팀 빌딩 활동은 유대감을 강화하고 동료애를 증진하는 데 도움이 된다. 직원들이 소속감을 느끼고 인정받을 때 업무에 더 몰입하고, 동기부여 되며, 헌신하게 된다. 나아가 직원의 개인적 성장과 발전에 투자하는 기업은 직원의 행복과 미래에 대한 진심 어린 관심을 보여준다. 다양한 교육 프로그램, 멘토링 기회, 경력 개발 경로 등을 상상해 보자. 온라인 강좌와 자격증, 워크숍과 세미나, 직업 훈련과 멘토링 등은 직원들이 업무에서 탁월한 성과를 내고 미래의 도전에 대비할 수 있는 기술과 지식을 갖추게 해 준다.

멘토링 프로그램은 경험 많은 전문가로부터 조언과 지원을 받을 수 있는 기회를 제공하고, 직무 관찰과 부서 간 프로젝트는 조직의 다양한 영역을 접하게 함으로써 직원의 시야를 넓히고 새로운 가능성을 열어준다. 기업이 업무 환경의 물리적, 사회적, 발전적 측면에 우선순위를 둘 때, 임파워먼트, 몰입, 성취감의 문화가 조성된다. 가치 있고, 지지받고, 도전받는다고 느끼는 직원들은 자신의 직무에 만족할 가능성이 높아지며, 이는 생산성, 창의성, 충성도 향상으로 이어진다. 그들은 회사의 홍보대사가 되어 우수 인재를 유치하고 업계에서 긍정적인 평판을 쌓는 데 기여한다.

　직원 만족도를 우선시하는 업무 환경을 만드는 것은 단순히 좋은 조건이 아니라, 오늘날의 경쟁 환경에서 번영하고자 하는 모든 조직에 있어 전략적 필수 요소이다. 직원의 행복과 성장에 투자함으로써 기업은 장기적인 성공의 토대를 마련하게 된다. 행복한 직원이 행복한 기업을 만든다는 것은 단순하지만 강력한 진실이며, 직장에서의 모든 의사결정과 행동을 이끌어야 한다.

　사려 깊은 공간 배치, 인체공학적 가구, 최적의 조명이 집중력, 창의성, 협업을 향상시킬 수 있음을 확인했다. 개방적인 소통, 팀 빌딩 활동, 지지적인 사회적 분위기가 사기를 진작시키고, 혁신을 촉진하며, 관계를 강화할 수 있음을 관찰했다. 그리고 개인의 성장과 발전 기회가 직무 만족도, 몰입도, 유지율에 미치는 놀라운 영향을 경험했다.

　모든 조직은 직원에게 힘을 실어주고 격려하는 업무 환경을 조성할 책임과 기회를 가지고 있다고 믿는다. 직장의 물리적, 사회적, 발전적 측면에 우선순위를 둠으로써 기업은 가장 소중한 자산인 직원들의 잠재력을 최대한 끌어낼 수 있다. 이를 통해 기업은 직원의 행복과 웰빙에 기여할 뿐만 아니라 자사의 장기적인 성공과 번영의 토대를 마련하게 된다.

## 뇌가 얼마나 행복한가에 성과가 달렸다!

뇌의 긍정 감정과 업무 효율성 간의 상관관계에 대해 살펴보면 행복한 뇌가 성과를 좌우한다. 직장에서의 행복에 대한 과학은 긍정 감정의 신경생물학적 기반과 그것이 우리의 직업생활에 미치는 심오한 영향을 밝힐 수 있다.

행복을 느낄 때 뇌에서 분비되는 도파민, 세로토닌, 엔도르핀은 개인적인 생각과 감정뿐만 아니라 환경에 따라서도 분비될 수 있다. 이는 행복이 단순히 주관적인 경험이 아니라 뇌의 신경생물학적 보상 및 동기부여 시스템에 깊이 뿌리를 두고 있다고 이해해도 무방하다. 이러한 복잡한 네트워크는 도파민, 세로토닌, 엔도르핀과 같은 특정 뇌 영역과 신경전달물질을 포함하며, 이는 우리의 긍정적인 감정과 동기 부여를 조절하는 데 핵심적인 역할을 한다.

직원의 업무 성과와 복지에 대한 행복의 영향을 더 깊이 파고들면, 많은 연구들이 일관되게 긍정적인 감정의 힘을 강조하고 있다. 기쁨, 만족, 성취감을 정기적으로 경험하는 것은 정신 건강을 개선하고 스트레스를 줄이며 회복력을 높이는 것으로 나타났는데, 이는 모두 최적의 업무 성과를 위한 필수 요소이다. 긍정적감정 Positive Emotion, 몰입 Engagement, 관계 Relationships, 의미 Meaning, 성취 Accomplishment 의 요소를 가지는 PERMA 모델과 같은 긍정 심리학 전략은 긍정적이고 지지적인 근무 환경을 조성함으로써 직원 참여도, 직무 만족도, 전반적인 생산성을 높이는 데 매우 효과적인 것으로 입증되었다.

인지 신경과학의 통찰력과 효과적인 리더십의 원칙을 결합한 획기적인 분야인 신경 리더십의 출현은 의사 결정에 관련된 생물학적 메커니즘을 이해하고 성공적인 리더십에 필요한 기술을 식별하기 위한 새로운 길을 열어주었다. 신경 리더십의 힘을 활용함으로써 관리자는 직원의 복지를 우선시하고 번영하는 조직 문화를 만드는 혁신적인 행복 관리 모델을 개발할 수 있다.

현대 직장의 복잡성을 탐색하면서 지속적인 긍정 감정, 부정적인 경험에서 회복할 수 있는 능력, 친사회적 행동, 마음챙김의 실천 등 안녕의 근본적인 구성 요소를 인식하는 것이 중요하다. 이러한 요소들을 함양하고 우리의 직업생활에 통합함으로써 우리는 뇌의 잠재력을 최대한 발휘하고 우리 일의 모든 측면에 스며드는 행복의 문화를 조성할 수 있다.

미래의 직장 행복은 신경 리더십 원칙과 행복 경영 전략의 완벽한 통합에 달려 있다. 긍정 감정의 기저에 있는 신경생물학적 메커니즘과 그것이 업무 성과에 미치는 영향을 계속 탐구함에 따라 우리는 직장에서의 웰빙을 증진하기 위한 점점 더 정교하고 효과적인 접근 방식을 개발할 수 있다. 행복 관리에 신경 리더십을 적용하는 것과 같은 기술의 발전은 우리가 전문적인 환경을 설계하고 경험하는 방식을 혁신할 수 있는 엄청난 가능성을 지니고 있다.

우리의 개인적인 삶과 직업적인 삶의 경계가 점점 더 모호해지는 세상에서 뇌 친화적인 업무 공간을 만드는 것의 중요성은 과대평가될 수 없다. 뇌의 기본 구조와 참여의 중요한 순서 — 조절, 관계, 추론 — 를 이해함으로써 우리는 정신적 웰빙을 증진하고, 협업을 촉진하며, 창의성과 혁신의 잠재력을 최대한 발휘할 수 있는 사무실 환경을 설계할 수 있다.

직장에서 행복의 힘을 극대화하는 핵심은 신경 다양성을 포용하고, 자연친화적 설계 요소를 통합하며, 전망과 안식처 사이의 섬세한 균형을 맞추는 것이다. 역동적인 협업 공간을 만들고, 뇌 친화적인 문화를 육성하며, 인체공학적이고 포용적인 설계를 우선시함으로써 우리는 우리의 직장을 생산성, 만족도, 성취감의 안식처로 변모시킬 수 있다.

이 변혁의 여정을 시작하면서 행복의 문화를 조성하는 것이 일회성 노력이 아니라 흔들림 없는 헌신과 투철함을 요구하는 지속적인 과정임을 기억하는 것이 중요하다. 직원의 복지를 우선시하고, 성취를 인정하고 보상하며, 성장과 발전의 기회를 제공하고, 개방적인 의사소통과 피드백을 장려함으로써 우리는 일의 기쁨을 진정으로 기념하는 직장 문화를 만들 수 있다.

결국 뇌의 긍정 감정과 업무 효율성 간의 상관관계는 행복이 우리의 직업 생활에 미치는 심오한 영향에 대한 증거이다. 신경과학의 통찰력과 효과적인 리더십의 원칙을 받아들임으로써 우리는 번영하고 생산적이며 깊이 성취감을 주는 근무 환경을 만드는 비결을 풀 수 있다. 우리의 삶과 행복에 대한 신경 건축학의 영향의 개척지를 계속 탐구함에 따라 우리는 새로운 시대의 문턱에 서 있다. 그 시대에는 긍정 감정의 힘이 우리의 직업 여정의 본질 자체를 형성할 것이다.

# 8 미래를 여는 공간, 신경건축학

# 미래를 여는 공간, 신경건축학

공간 혁명은 우리의 미래를 열어가는 열쇠이다. 뉴로아키텍처와 첨단 기술의 융합은 미래 지향적인 공간 디자인의 방향성을 제시한다. 물리적 영역과 디지털 영역의 경계가 급속도로 희미해지는 세상에서, 이 두 분야의 융합은 우리가 공간을 설계하고 경험하는 방식에 혁명을 일으키고 있다. 공간 혁명의 전환점에 서 있는 지금, 이러한 융합이 우리의 건축 환경과 인지적 웰빙에 미치는 영향을 이해하는 것이 매우 중요하다.

인공지능AI의 등장은 공간 디자인 영역에 새로운 가능성을 열어주었다. AI 알고리즘과 기계 학습을 활용함으로써 건축가와 디자이너는 이제 미적으로 아름다울 뿐만 아니라 인간의 뇌에 최적화된 공간을 만들 수 있게 되었다. 이러한 AI 기반 도구는 인간의 행동, 선호도, 다양한 공간 요소에 대한 인지적 반응에 관한 방대한 양의 데이터를 분석하여, 디자이너가 생산성, 창의성, 전반적인 웰빙을 증진시키는 환경을 조성할 수 있도록 돕는다.

AI 지원 디자인의 주요 이점 중 하나는 개인의 필요와 선호에 맞춘 맞춤형 공간을 만들 수 있다는 점이다. 사용자 데이터와 피드백을 분석함으로써 AI 알고리즘은 편안함을 높이고 스트레스를 줄일 수 있는 맞춤형 레이아웃, 색상 구성, 조명 구성을 생성할 수 있다. 이러한 수준의 개인화는 특히 직장에서 가치가 높은데, 맞춤형 환경이 직원의 만족도와 성과를 크게 향상시킬 수 있기 때문이다.

또한 AI 기반 디자인 도구는 공간 활용을 최적화하여 모든 공간이 효율적으로 사용되도록 할 수 있다. 실시간으로 다양한 레이아웃을 생성하고 테스트함으로써 이러한 도구는 디자이너가 가장 효과적인 구성을 식별하는 데 도움을 주어 낭비를 최소화하고 기능성을 극대화한다. 이는 비용 효율적인 디자인으로 이어질 뿐만 아니라 건설 및 리노베이션 프로젝트의 환경적 영향을 줄임으로써 지속 가능성을 촉진한다.

AI가 디자인 프로세스를 변화시키는 동안, 가상현실VR 기술은 우리가 공간을 경험하고 상호 작용하는 방식에 혁명을 일으키고 있다. 건축 환경의 실감나는 시뮬레이션을 만들어냄으로써 VR은 사용자가 이전에는 불가능했던 방식으로 공간을 탐색하고 참여할 수 있게 해준다. 이 기술은 뉴로아키텍처에 광범위한 영향을 미치는데, 통제되고 반복 가능한 환경에서 다양한 공간 요소가 인간의 뇌에 미치는 영향을 연구할 수 있기 때문이다.

뉴로아키텍처에서 VR의 가장 유망한 응용 분야 중 하나는 인지적 웰빙을 향상시킬 수 있는 잠재력이다. 자연 환경을 시뮬레이션하고 생체모방 디자인 요소를 통합함으로써 VR 경험은 스트레스를 줄이고, 기분을 개선하며, 인지 기능을 향상시킬 수 있다. 이는 특히 의료 환경에서 가치가 높은데, 몰입형 VR 환경이 환자의 회복을 촉진하고 불안감을 줄이는 데 사용될 수 있기 때문이다.

VR 기술은 교육과 훈련 분야에서도 상당한 잠재력을 가지고 있다. 실험실이나 산업 시설과 같은 복잡한 환경의 사실적인 시뮬레이션을 만들어냄으로써 VR은 학습자에게 안전하고 통제된 환경에서 실습 경험을 제공할 수 있다. 이러한 몰입형 학습 접근 방식은 지식 보유와 기술 습득을 개선하는 것으로 나타났으며, 실제 도전 과제에 대비하는 강력한 도구가 된다.

공간 혁명을 헤쳐 나가면서 기술과 뉴로아키텍처의 통합이 환경 지속 가능성을 희생시키지 않도록 하는 것이 중요하다. 다행히도 생체모방 디자인의 원칙은 자연, 기술, 인간의 웰빙이 조화롭게 공존하는 공간을 만들기 위한 프레임워크를 제공한다.

생체모방 디자인은 식물, 수경 시설, 자연광과 같은 자연 요소를 건축 환경에 통합하고자 한다. 자연을 실내로 들여옴으로써 이러한 공간은 환경 지속 가능성에 기여할 뿐만 아니라 인간의 인지 기능과 정서적 웰빙에 심오한 영향을 미친다. 연구에 따르면 자연 요소에 노출되면 스트레스가 감소하고, 집중력이 향상되며, 창의력이 증대되는 것으로 나타났는데, 이는 뉴로아키텍처에서 생체모방 디자인이 필수적으로 고려되어야 함을 시사한다.

지속 가능한 공존을 달성하기 위해 친환경 소재와 에너지 효율적인 기술의 사용을 우선시해야 한다. 태양광 패널과 지열 난방 등의 재생 에너지 시스템을 통합하고 내재된 탄소가 적은 소재를 활용함으로써, 탄소배출을 줄이고 환경에 미치는 영향을 최소화하면서 인간의 웰빙에 대한 이점을 극대화하는 공간을 만들 수 있다.

뉴로아키텍처의 미래는 과학, 예술, 기술의 완벽한 통합에 있다. AI,

VR, 지속 가능한 디자인 원칙의 힘을 활용함으로써 우리는 인간의 인지 기능을 향상시킬 뿐만 아니라 지구의 건강에도 기여하는 공간을 만들 수 있다.

그러나 이러한 공간 혁명에는 도전과제도 있다. 기술이 전례 없는 속도로 계속 발전함에 따라 우리는 비판적인 시각과 윤리적 디자인에 대한 헌신을 가지고 이러한 도구의 통합에 접근해야 한다. 우리는 만들어 내는 공간이 효율성과 생산성에 최적화될 뿐만 아니라 그 공간에 거주하는 개인의 웰빙과 존엄성을 우선시하도록 해야 한다.

또한 물리적 영역과 디지털 영역 사이의 경계가 계속 흐려짐에 따라 우리는 프라이버시, 보안, 사회적 상호 작용에 대한 이러한 변화의 의미를 고민해야 한다. 우리는 가상 현실과 증강 현실의 가능성을 수용하는 동시에 의미 있는 인간 관계를 육성하고 공동체 의식을 증진하는 공간을 만들 책임이 있다.

이러한 도전에도 불구하고 뉴로아키텍처의 미래는 의심할 여지 없이 밝다. 우리가 인간 뇌의 비밀을 계속 풀어나가고 최첨단 기술의 힘을 활용함에 따라 우리는 인간의 경험을 진정으로 향상시키는 공간을 만들 기회를 가지게 된다. 인지적 웰빙, 환경 지속 가능성, 사회적 응집력을 증진하는 환경을 설계함으로써 우리는 건축 환경이 인간 번영의 촉매로 작용하는 미래의 기반을 마련할 수 있다.

결론적으로 공간 혁명은 단순히 새로운 기술의 통합이나 새로운 디자인 원칙의 채택에 관한 것이 아니다. 그것은 인간과 우리가 거주하는 공간 사이의 관계를 근본적으로 재구상하는 것에 관한 것이다. 그것은 건축 환경이 단순히 인간 활동의 배경이 아니라 우리의 인지적, 정서적, 사회적 경험을 형성하는 데 적극적으로 참여한다는 것을 인식하는 것이다.

우리는 호기심, 창의성, 연민의 자세로 뉴로아키텍처의 가능성을 받아들이고, 인간의 잠재력을 최적화할 뿐만 아니라 인간 경험의 아름다움과 다양성을 기념하는 공간을 만들기 위해 노력하면 우리는 공간 혁명의 변혁적인 힘을 진정으로 열어젖히고 우리 모두를 고양시키는 미래를 건설할 수 있다.

## AI와 함께하는 똑똑한 공간 설계

인공지능 기술의 급속한 발전은 우리의 일상생활과 업무 환경에 혁신적인 변화를 가져오고 있다. 이제 AI는 단순히 데이터를 분석하고 패턴을 인식하는 수준을 넘어, 인간의 인지 능력과 창의력을 향상시키는 데 기여하고 있다. 특히 공간 디자인 분야에서 AI 기술의 활용은 주목할 만한 가치가 있다. AI를 통해 개인의 특성과 선호도에 맞춰 최적화된 공간을 설계함으로써, 인간의 인지 능력을 향상시키고 창의성을 촉진할 수 있기 때문이다.

공간 디자인 분야에서도 AI 기술은 설계 과정의 혁신을 이끌고 있다. 인간의 행동, 선호도, 인지 패턴 등 방대한 데이터를 분석하여 최적의 공간 배치, 조명, 환경 요소를 도출하는 AI 알고리즘이 개발되고 있다. 이를 통해 집중력을 높이고 방해 요인을 최소화하는 한편, 전반적인 인지 능력을 향상시키는 공간 창출이 가능해졌다. 인간의 창의성과 AI 기술의 융합은 디자인 분야에 새로운 가능성을 열어주고 있다.

나아가 AI 기술은 디자이너의 메타인지 능력 향상에도 기여하고 있다. 생체 신호 측정과 AI 기술을 결합한 "Multi-Self" 시스템은 디자이너의 감정 상태를 실시간으로 분석하고, 사고 과정에 대한 통찰력을 제공한다. 이를 통해 디자이너는 자신의 사고 과정을 보다 잘 이해하고 조절할 수 있게 된다. 창의적 난제 해결, 새로운 아이디어 도출, 합리적인 의사결정 등에 있어 AI의 도움을 받을 수 있게 된 것이다.

AI 기반 공간 디자인은 앞으로도 지속적인 발전 가능성을 가지고 있다.

| 기술 분야 | 설명 | 효과 |
| --- | --- | --- |
| 데이터 분석 | 인간의 행동, 선호도, 인지 패턴 데이터를 분석하여 활용 | 최적의 공간 배치, 조명, 환경 요소 도출 |
| 인지 능력 향상 | 집중력 향상 및 방해 요인 최소화를 통한 개선 | 전반적인 인지 능력 향상 |
| 감정 상태 분석 | 디자이너의 감정 상태를 실시간으로 분석 | 디자인 사고 과정에 대한 통찰력 제공 |
| 아이디어 분석 및 시각화 | 디자인 아이디어를 분석하고 시각화 | 디자인 개념 탐색과 표현 지원 |
| 인지 활동 지원 | 브레인스토밍, 시각화, 문제 해결 등에 AI 기술 활용 | 인지 활동의 효율성 및 창의력 증진 |

AI 기반 공간 디자인의 주요 기술과 그 효과

인지 능력 향상, 창의성 증진, 디자이너 역량 강화 등 다방면에서 AI 기술의 활용 가치가 입증되고 있기 때문이다. 그러나 이 과정에서 AI 기술의 윤리적 문제, 기술 활용의 형평성 등에 대한 고민 역시 필요할 것으로 보인다. AI 기술의 발전이 인간 중심, 인간 존중의 가치 위에서 이루어질 수 있도록 사회 전반의 노력과 합의가 뒷받침되어야 할 것이다.

우리는 일상 속에서 다양한 공간과 끊임없이 상호작용한다. 그리고 그 공간의 특성에 따라 우리의 감정과 사고, 행동 방식이 달라진다. 이제 AI 기술을 통해 개인의 특성에 맞춰 최적화된 공간을 설계할 수 있게 되었다. 뇌의 활동, 감정 반응, 인지 기능 등 개인의 신경학적 특성을 분석하여 맞춤형 공간을 제공하는 것이 핵심이다.

개인 맞춤형 뉴로아키텍처의 설계 요소로는 조명, 색채, 공간 배치, 감각 자극 등을 들 수 있다. 뇌와 공간 환경의 상호작용에 대한 연구 결과를 바탕으로, 각 요소가 인간의 경험과 수행에 미치는 영향을 세밀하게 고려하는 것이 중요하다. 이를 통해 개인의 고유한 필요와 선호에 꼭 맞는 공간 설계가 가능해진다. 하루 주기 리듬에 맞춰 변화하는 조명, 성격 유형과 사회적 필요에 기반한 공간 배치 등 개인화된 공간 경험을 제공할 수 있게 된 것이다.

개인 맞춤형 뉴로아키텍처가 가진 또 다른 가능성은 실시간 적응에 있다. 사용자의 환경 반응을 지속해서 모니터링하고, 이를 바탕으로 공간 설계를 동적으로 조정할 수 있기 때문이다. 시간이 흐름에 따라 변화하는 개인의 필요와 선호, 감정 상태에 맞춰 공간이 함께 변화하는 것이다. 이러한 적응형 공간은 사용자에게 최적의 편안함과 안녕감을 제공할 수 있다.

개인 맞춤형 뉴로아키텍처의 활용 분야는 매우 다양하다. 의료 분야에서는 신경학적, 심리적 특성을 고려한 맞춤형 치유 환경을 조성할 수 있다. 직장에서는 개인의 인지적 강점과 약점에 최적화된 업무 공간을 제공함으로써 생산성과 창의성을 높일 수 있다. 교육 현장에서도 학습자 개개인의 학습 스타일과 필요에 맞춰진 교육 환경 구현이 가능해진다. 그러나 개인 맞춤형 뉴로아키텍처의 실현을 위해서는 해결해야 할 과제들이 있다. 무엇보다 개인의 신경학적 데이터에 대한 프라이버시와 보안이 철저히 보장되어야 한다. 나아가 AI, 뉴로아키텍처 등 다양한 분야 전문가 간의 긴밀한 협력이 이루어져야 한다. 뇌, 행동, 공간 환경의 복합적인 상호작용에 대한 총체적 이해가 뒷받침될 때 비로소 개인 맞춤형 공간 설계가 가능해질 것이다.

우리는 개인 맞춤형 뉴로아키텍처라는 새로운 가능성의 문 앞에 서 있다. 개개인의 고유한 특성에 맞춰 공간을 설계함으로써 전에 없던 수준의 편안함, 안녕감, 인간 잠재력의 발현을 이끌어낼 수 있게 된 것이다. 앞으로 이 분야가 나아가야 할 방향은 분명하다. 호기심과 책임감, 그리고 공감의 자세로 이 기술에 접근해야 한다. 그리고 무엇보다 언제나 '인간'을 중심에 둔 공간 설계를 추구해야 한다. 우리의 삶의 터전인 공간이 단순한 물리적 구조물을 넘어, 인간 존중과 배려의 가치를 담아내는 곳으로 거듭날 수 있도록 말이다.

현대 사회에서 스트레스와 불안, 우울 등 정신 건강의 문제가 날로 심각해지고 있다. 이러한 상황 속에서 우리가 머무는 공간의 중요성은 그 어느 때보다 크다고 할 수 있다. 인공지능 기술과 뉴로아키텍처의 원리에 기반한 지능형 적응 공간은 정서적 안정과 심리적 안녕을 도모할 수 있는 혁신적인 대안으로 주목받고 있다.

지능형 적응 공간의 선두에는 혁신적인 기술과 디자인 요소를 도입한 스마트 호텔들이 있다. 촉각을 통해 사용자에게 정보를 전달하는 햅틱 피드백, 음향 반응, 맞춤형 조명, 향기 조절 시스템 등 다양한 기술의 융합을 통해, 이들은 투숙객 개개인의 필요와 선호에 맞춘 다감각적 경험을 제공한다. 여러 감각을 자극하고 편안함과 통제감을 제공함으로써, 이러한 환경은 스트레스를 줄이고 이완을 촉진하며 전반적인 심리적 안정감을 높이는 데 기여한다.

이러한 지능형 적응 공간에서 핵심적인 역할을 하는 것이 AI 기반 대화형 에이전트 Conversational Agent, CA이다. 챗봇이나 가상 비서의 형태로 구현되는 이 정교한 시스템들은 개인의 성격, 감정 상태, 구체적인 필요에 맞춰 적응하며 개인 맞춤형 지원과 치료를 제공한다. 자연어 처리와 기계 학습 알고리즘을 활용해, 이들은 인간의 상호작용을 모방하는 공감적이고 상황 인지적인 대화를 수행함으로써 일종의 동반자 관계와 정서적 지지를 제공하는 것이다.

이러한 정서적으로 지능화된 시스템을 구현하는 데 있어 핵심이 되는 분야가 바로 감성 컴퓨팅 Affective Computing이다. 인간의 감정을 탐지, 해석, 반응할 수 있는 AI를 개발함으로써, 연구자들은 정신 건강 지원의 새로운 가능성을 열어가고 있다. 감성 컴퓨팅 기술은 CA가 사용자의 어조, 표정, 언어 패턴의 미묘한 변화를 인식하고 적응할 수 있게 해준다. 이를 통해 보다 섬세하고 효과적인 정서 지원이 가능해지는 것이다.

지능형 적응 공간의 또 다른 핵심 요소는 생체 공학 센서와 실시간 데이터 분석이다. 스마트 밴드, 스마트 의류 등 착용기술인 웨어러블 기기를 통해 사용자의 심박수, 피부 전도도, 체온 등 생체 신호가 지속적으로 수집되고 분석된다. 이를 통해 스트레스, 불안 등 감정 상태의 변화를 정확하게 포착할 수 있다. 그리고 이러한 데이터에 기반하여, 지능형 공간은 개인의 정서적 필요에 맞춰 실시간으로 변화하고 적응한다. 예를 들어, 스트레스 수준이 높아지면 조명이 부드러워지고, 안정을 유도하는 음악이 재생될 수 있다.

이러한 지능형 적응 공간의 잠재력은 기존의 정신 건강 치료에 대한 보완재로서 큰 주목을 받고 있다. 전통적인 치료 환경을 넘어, 일상의 공간 속에서 개인의 정신적 웰빙을 증진할 수 있는 가능성을 제시하기 때문이다. 특히 코로나19 팬데믹 이후, 비대면 치료와 자가 관리의 중요성이 더욱 부각되면서 이러한 기술의 가치는 더욱 높아지고 있다.

물론 지능형 적응 공간의 구현에는 아직 많은 과제가 남아있다. 무엇보다 개인의 데이터 프라이버시와 윤리적 문제에 대한 사회적 합의가 필요하다. 나아가 AI, 심리학, 건축 등 다양한 분야의 전문가들이 긴밀히 협력하여, 기술과 인간 중심 가치가 조화를 이루는 방향으로 나아가야 할 것이다.

그럼에도 불구하고, 지능형 적응 공간은 우리 시대가 직면한 정신 건강의 위기에 대한 창의적이고 혁신적인 해법이 될 수 있다. 우리가 일상 속에서 머무는 공간을 통해 정서적 안정과 회복을 경험할 수 있게 된다면, 그것은 개인의 삶의 질 향상을 넘어 사회 전반의 웰빙 증진에 기여할 수 있을 것이다. 공간 속에서 이루어지는 이러한 조용한 혁명은, 결국 우리 모두의 정신적 건강과 행복을 위한 초석이 될 것이다.

이제 우리는 뉴로아키텍처와 인공지능 기술의 융합이 가져올 수 있는 새로운 가능성의 문 앞에 서 있다. 이는 단순히 기술의 진보를 넘어, 우리의 삶과 존재 방식 자체를 변화시킬 수 있는 혁신의 영역이다. 공간이 우리의 감정, 사고, 행동에 미치는 영향에 대한 심층적 이해를 바탕으로, 우리는 이제 그 공간을 능동적으로 설계하고 조율할 수 있게 된 것이다.

이러한 변화의 중심에는 '개인'이 있다. 지능형 적응 공간은 개인의 고유성과 다양성을 존중하고 포용한다. 각자의 성격, 선호, 필요에 맞춰 공간이 변화하고 상호작용함으로써, 우리는 전에 없던 수준의 개인화된 경험을 누릴 수 있게 된다. 이는 감정의 표현과 탐색, 자아 성찰과 성장을 위한 안전하고 지지적인 환경을 제공할 수 있다.

나아가 이러한 혁신은 우리가 공동체를 이해하고 형성하는 방식에도 변화를 가져올 수 있다. 서로의 감정과 필요에 보다 민감하게 반응하는 공간 속에서, 우리는 타인에 대한 공감과 연대의 가치를 새롭게 발견할 수 있을 것이다. 기술과 인간성의 조화로운 통합을 통해, 우리는 보다 포용적이고 회복력 있는 사회를 향해 나아갈 수 있다.

물론 이 여정에는 도전과 과제가 따르겠지만, 그 방향성만큼은 분명해 보인다. 우리는 기술을 인간 존엄성의 증진을 위한 도구로 활용해야 한다. 효율성과 최적화를 넘어, 창의성, 자율성, 연대성의 가치를 구현하는 공간을 지향해야 한다. 그리고 이러한 노력의 중심에는 언제나 깊은 윤리 의식과 사회적 책임감이 자리해야 할 것이다.

지능형 적응 공간은 결국 우리 자신과 우리가 어떻게 살아가고자 하는지에 관한 물음이기도 하다. 기술의 도움을 받아 우리의 내면을 이해하고 성장시키는 동시에, 그 과정에서 우리의 인간성을 잃지 않아야 한다. 변화의 속도가 빨라질수록 우리에게는 근본적인 가치에 대한 성찰이 더욱 절실해진다. 지금이야말로 뉴로아키텍처와 AI 기술을 통해 우리가 어떤 미래를 만들어갈 것인지, 깊이 있게 고민해야 할 때인 것 같다.

## 가상현실로 경험하는 뇌 친화적 공간

　가상현실 기술의 발전으로 공간 경험이 혁신되고 있다. 가상현실의 몰입적 특성은 다양한 건축 환경을 시뮬레이션하는 통제된 사실적 환경을 만들 수 있게 해준다. 이를 통해 연구자들은 다양한 디자인 요소에 대한 생리적, 심리적 반응을 측정할 수 있게 된다. 이러한 혁신적인 접근 방식은 공간 디자인이 뇌와 인간 심리에 미치는 영향을 연구하는 새로운 가능성을 열어주며, 궁극적으로 더 건강하고 지지적인 건축 환경을 만드는 데 기여한다.

　신경건축 연구에서 가상현실의 주요 응용 분야 중 하나는 단서 반응성 연구이다. 실제 환경을 모방한 가상 시뮬레이션을 만들어 연구자들은 특정 공간 단서에 대한 개인의 반응, 특히 약물 중독의 맥락에서 이를 연구할 수 있다. 이러한 통제된 접근 방식은 정신생리학적, 행동적 반응을 정밀하게 측정할 수 있게 해주며, 공간 디자인과 중독 행동 간의 관계에 대한 귀중한 통찰력을 제공한다.

가상현실은 또한 신경건축 건강 연구에서 큰 가능성을 지니고 있다. 통제되고 몰입적인 환경에서 물리적 건축의 건강 영향을 평가할 수 있기 때문이다. 실제 환경에서 경험하는 것과 유사한 생리적 반응을 유발하는 가상 환경을 만들어 연구자들은 정신 건강과 웰빙에 영향을 미치는 특정 디자인 요소를 식별할 수 있다. 이러한 지식은 물리적 공간 디자인에 적용되어 우리의 건축 환경이 최적의 건강과 행복을 증진하도록 보장할 수 있다.

신경건축 연구에서 가상현실의 잠재력을 충분히 활용하기 위해서는 뇌파 측정EEG과 같은 첨단 뇌 영상 기술과 이 기술을 결합하는 것이 필수적이다. 가상현실과 뇌파 측정을 통합함으로써 연구자들은 다양한 건축 디자인에 대한 신경 반응을 정량화하고, 더 통제되고 몰입적인 방식으로 공간 지각과 인지의 신경 상관관계를 분석할 수 있다. 신경건축, 감각 인지, 중력 연속성에 대한 통찰력을 결합하는 이러한 학제 간 접근 방식은 가상 건축과 인간 건강 사이의 복잡한 관계를 이해하는 데 중요하다.

   신경건축 연구에서 가상현실의 잠재력을 계속 탐구함에 따라 가상건축에 장기간 노출되는 것이 인체에 미치는 생리적 영향을 구체적으로 조사하는 실증 연구를 수행하는 것이 중요하다. 가상현실은 공간 디자인 연구에 많은 이점을 제공하지만, 장기간 가상 환경에 노출되는 것이 인간 건강에 미칠 수 있는 잠재적 의도하지 않은 결과에 대해서도 유의해야 한다. 이러한 영향을 신중히 검토함으로써 우리는 사용자의 웰빙을 우선시하는 건강 중심적 가상 환경을 만들기 위한 지침을 개발할 수 있다.

   신경건축에서 가상현실의 잠재력을 완전히 실현하기 위해서는 연구자와 디자이너가 긴밀히 협력하여 인간 건강과 웰빙에 미치는 디자인 요소의 영향을 인식하는 가상 건축 환경을 함께 만드는 것이 중요하다. 이러한 학제 간 접근 방식은 우리가 만드는 가상 공간이 시각적으로 매력적일 뿐만 아니라 최적의 정신적, 신체적 건강을 지원하도록 보장할 것이다.

   추가 탐구가 유망한 분야 중 하나는 건축가와 실내 디자이너를 위한 가상현실 교육 프로그램 개발이다. 이러한 프로그램은 가상현실의 몰입적 특성을 활용하여 디자이너에게 뇌 친화적 공간 디자인 원칙과 기술에 대해 가르칠 수 있으며, 다양한 디자인 요소가 인간 행동과 웰빙에 어떤 영향을 미치는지 직접 경험할 수 있게 해준다. 조명, 공간, 질감, 색상 등 다양한 건축 요소에 대한 뇌 반응을 측정하기 위해 뇌파 측정을 활용함으로써 디자이너는 이러한 요소가 기분, 생산성, 전반적인 웰빙에 어떤 영  향을 미치는지에 대한 더 깊은 이해를 얻을 수 있다.

이러한 가상현실 교육 프로그램 내의 대화형 시뮬레이션은 디자이너에게 다양한 디자인 시나리오를 시뮬레이션하는 가상 환경과 상호 작용할 기회를 제공한다. 이러한 실습 접근 방식은 다양한 디자인 옵션을 실험할 수 있게 해주며, 디자이너가 자신의 선택이 뇌 반응과 사용자 행동에 미치는 영향을 실시간으로 관찰할 수 있게 해준다. 의료 시설, 교육 기관, 상업 공간에서 스트레스를 줄이고, 학습을 강화하며, 전반적인 웰빙을 촉진하는 공간 디자인과 같은 실제 응용 분야에 초점을 맞춤으로써 이러한 교육 프로그램은 디자이너에게 진정으로 뇌 친화적인 환경을 만드는 데 필요한 기술과 지식을 제공할 수 있다.

가상현실 기반 신경건축 교육 프로그램의 개발은 또한 디자이너, 신경과학자, 심리학자 간의 협업 증진 기회를 제공한다. 이러한 학제 간 접근 방식은 디자이너가 최신 과학 지식에 접근할 수 있고 이를 디자인 실무에 효과적으로 통합할 수 있도록 보장하여 더 전체적이고 효과적인 디자인 솔루션으로 이어진다. 가상현실 기술이 계속 발전함에 따라 이러한 교육 시뮬레이션의 사실성과 상호 작용성은 더욱 향상될 것이며, 인간의 웰빙과 생산성을 지원하는 공간 창조를 추구하는 디자이너에게 더욱 가치 있는 도구가 될 것이다.

가상현실과 신경건축의 통합에서 또 다른 흥미로운 개척 분야는 공간 경험의 개인화이다. 가상현실 기술을 신경건축 원칙과 결합함으로써 개인의 선호도와 심리적 요구에 부합하는 맞춤형 적응형 환경을 만들 수 있다. 이러한 접근 방식은 가상현실을 사용하여 다양한 공간을 시뮬레이션하고 기하학, 색상, 자연광 등 다양한 디자인 결정에 대한 사용자의 생리적, 심리적 반응을 측정하는 것을 포함한다.

가상현실을 사용하여 사전에 프로젝트를 고객에게 제시하고 심박수 등 생리적 반응을 측정함으로써 다양한 디자인 요소에 대한 고객의 반응에 대해 귀중한 통찰력을 얻을 수 있다. 이러한 피드백은 디자인을 조정하는 데 사용될 수 있으며, 최종 제품이 고객의 요구와 선호도에 최적화되도록 보장한다. 실내 디자인이 인간의 감정과 인지에 미치는 영향을 탐구하는 연구가 계속됨에 따라 신경건축과 가상현실의 통합은 디자인 프로세스에 혁명을 일으킬 잠재력을 가지고 있으며, 진정으로 개별 사용자에게 맞춤화된 공간 창조를 가능하게 한다.

개인화된 공간 경험의 잠재력을 완전히 실현하기 위해서는 가상현실 기술의 지속적인 발전이 필수적이다. 가상현실 시스템이 더욱 정교해짐에 따라 실제 환경을 시뮬레이션하는 능력이 향상되어 신경건축 응용 분야에서의 효과가 증대될 것이다. 또한, 실무에서 이러한 원칙의 채택 증가가 중요할 것인데, 더 많은 건축가와 디자이너가 자신들의 작업에 신경건축과 가상현실을 통합하는 이점을 인식하기 때문이다.

궁극적으로 이러한 접근 방식의 성공을 위해서는 건축가, 신경과학자, 가상현실 개발자 간의 긴밀한 협력이 필요할 것이다. 함께 노력함으로써 이들 전문가는 최신 연구와 기술 발전이 실무에 효과적으로 적용되도록 보장할 수 있으며, 이는 사용자 만족과 웰빙을 증진하는 개인화되고 적응형 공간 경험 창조로 이어질 것이다.

　결론적으로 가상현실 기술과 신경건축 원칙의 통합은 공간 디자인과 경험에 대한 획기적인 접근 방식을 나타낸다. 가상현실의 몰입적 특성을 활용하여 공간 디자인이 뇌와 인간 심리에 미치는 영향을 연구함으로써 연구자와 디자이너는 건축 환경과 인간 건강 및 행복 사이의 복잡한 관계에 대한 귀중한 통찰력을 얻을 수 있다. 가상현실 기반 신경건축 교육 프로그램 개발과 공간 경험의 개인화를 통해 우리는 개인의 요구와 선호도에 최적화된 뇌 친화적이고 적응형 환경을 만들 수 있다. 우리가 이 흥미로운 개척지를 계속 탐험함에 따라 가상현실과 신경건축의 통합이 우리가 공간을 디자인하고 경험하는 방식을 변화시킬 잠재력을 가지고 있다는 것은 분명하며, 궁극적으로 모두에게 더 행복하고 건강한 미래로 이어질 것이다.

# 100세 시대, 모두를 위한 유니버설 공간 디자인

인간의 평균 수명이 100세 시대를 향해 가면서, 고령자와 장애인을 배려하는 포용적 건축의 중요성이 더욱 부각되고 있다. 연령과 능력에 관계없이 모든 사람이 편안하게 이용할 수 있는 공간을 만드는 것이 바로 유니버설 디자인의 핵심이다. 유니버설 디자인은 단순히 물리적 접근성을 높이는 것에 그치지 않고, 사회적 참여와 세대 간 소통, 편의시설에 대한 평등한 접근 기회를 촉진한다.

유니버설 디자인의 핵심 요소 중 하나는 적응형 기술을 생활 공간에 통합하는 것이다. 스마트 홈 시스템, 보조 기기, 감각 보조 장치 등은 노인과 장애인의 자립성과 기능성을 크게 향상시킬 수 있다. 이러한 기술을 건축 환경에 통합함으로써 사용자의 다양한 요구에 부응하는 공간을 만들 수 있다. 적응형 기술은 독립성을 높이고, 의사소통을 개선하며, 정보 접근성을 제공하고, 이동성을 높이며, 사회적 포용을 촉진한다. 그러나 적응형 기술의 통합에는 해결해야 할 과제도 있다. 고가의 보조 기술은 접근성을 제한할 수 있으며, 서로 다른 보조 기술 간의 상호 운용성 확보도 중요하다. 무엇보다 적응형 기술은 사용자의 요구와 선호도를 고려하여 설계되어야 한다.

유니버설 디자인의 잠재력을 실현하기 위해서는 공공 공간, 지역사회, 커뮤니티의 설계도 함께 고려해야 한다. 이를 위해서는 사회적 참여 촉진, 세대 간 교류, 노인과 장애인을 위한 편의시설에 대한 평등한 접근 등을 위한 다각적인 접근이 필요하다. 포용적인 커뮤니티 참여를 통해 다양한 계층의 목소리에 귀 기울이고 그들의 요구를 충족시킬 수 있다.

포용적인 공공 공간을 설계할 때는 접근 가능한 인프라, 세대 통합 공간, 편의시설의 공평한 분배에 우선순위를 두어야 한다. 교통 시스템, 공원, 의료 시설, 지역 사회 센터 등은 장애인이 이용하기 쉽고 접근 가능해야 하며, 지역 사회 전체에 고르게 분포되어야 한다. 저렴한 주택, 혼합 용도 개발, 지역 사회 시설을 우선시하는 용도 지역 제도와 토지 이용 정책도 필요하다.

이러한 목표를 달성하기 위해서는 지역 사회 구성원, 지방 공무원, 이해관계자가 의사 결정 과정에 참여하는 지속적인 참여와 협력적 거버넌스 구조를 조성해야 한다. 이를 위해서는 지속적인 성과 모니터링, 역량 강화, 소외 계층의 요구에 우선순위를 두고 포용적 지역 사회 개발을 지원하는 포용적 예산 편성 관행이 필요하다.

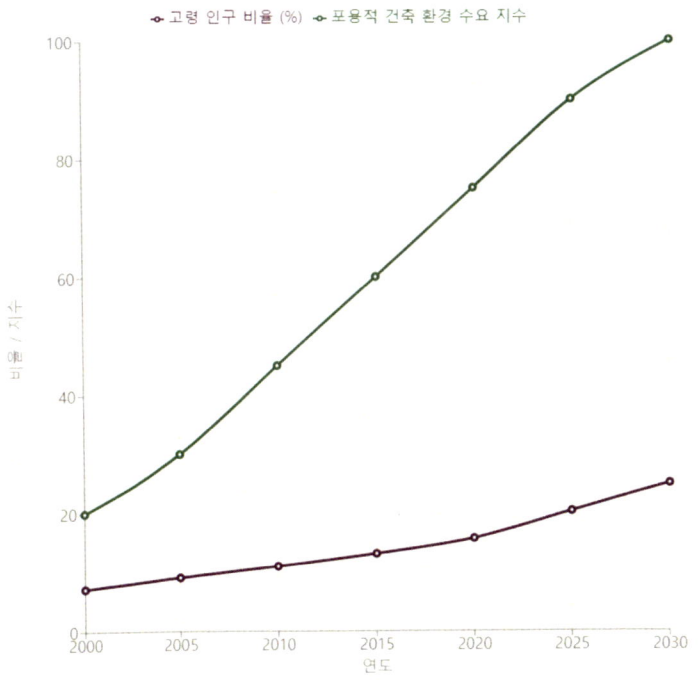

고령화 사회와 유니버설 디자인 필요성

100세 시대는 건축 분야에 도전과 기회를 동시에 제공한다. 평균 수명이 계속 증가함에 따라 고령화 사회의 변화하는 요구를 지원하고, 능력에 관계없이 모든 사람이 사회에 완전히 참여할 수 있도록 건축 환경을 조정해야 한다. 유니버설 디자인의 원칙을 수용하고 포용적이고 접근 가능한 공간을 만듦으로써, 모든 사람에게 소속감, 역량 강화, 웰빙을 촉진할 수 있다.

앞으로 고령자와 장애인을 위한 포용적 환경 설계를 위한 구체적인 전략과 고려 사항에 대해 자세히 살펴볼 것이다. 적응형 기술의 통합, 포용적 공공 공간 설계, 포용적 계획 프로세스의 실행 등이 주요 내용이 될 것이다. 유니버설 디자인의 이러한 핵심 측면을 이해함으로써, 우리는 거주자의 다양한 요구를 더 잘 지원하는 공평하고 접근 가능한 세상을 만들 수 있다.

유니버설 디자인을 향한 여정은 협력, 혁신, 포용성에 대한 헌신을 필요로 하는 지속적인 과정이다. 우리가 새로운 기술과 설계 전략을 탐구하면서, 연령이나 능력에 관계없이 모든 사람의 삶의 질을 향상시키는 환경을 만든다는 궁극적인 목표에 초점을 맞추어야 한다. 함께 노력하고 유니버설 디자인의 원칙을 수용함으로써, 우리는 모든 공간이 인간 정신을 고양시키고 포용하며 북돋우는 미래를 만들 수 있다.

# 공간과 자연, 그리고 인간의 지속 가능한 공존

자연과 인간이 조화를 이루는 건축은 우리의 삶의 질을 향상시키는 데 중요한 역할을 한다. 현대 사회에서 건축물은 단순히 기능적인 공간이 아니라, 사용자의 심리적 안정과 건강에 직접적인 영향을 미치는 환경으로 인식되고 있다.

바이오필릭 디자인은 녹색 외관, 천연 소재, 유기적 형태 등을 활용하여 건축 공간 내에서 자연과의 조화를 추구한다. 이러한 설계 요소는 인간의 건강을 증진시키고 건축 환경 내에서 조화로움을 조성하는 데 기여한다. 영국의 에덴 프로젝트 Eden Project 와 싱가포르의 주얼 창이 공항 Jewel Changi Airport 은 바이오필릭 디자인의 혁신적인 사례로 손

꼽힌다. 에덴 프로젝트는 수천 종의 다양한 식물을 수용하는 거대한 바이옴Biome을 조성하였고, 주얼 창이 공항은 실내 숲과 풍부한 녹지를 통해 자연과 건축의 완벽한 조화를 보여준다.

바이오필릭 디자인의 장점은 심미적인 아름다움을 넘어선다. 자연 요소에 노출되는 것은 기분을 향상시키고, 스트레스 수준을 낮추며, 생산성을 높이는 것으로 알려져 있다. 또한 지속 가능한 소재와 건축 기술을 활용함으로써 에너지 소비, 물 사용량, 폐기물 발생을 줄이는 등 환경 지속 가능성에도 기여한다. 이탈리아 밀라노에 위치한 보스코 베르티칼레Bosco Verticale는 900그루 이상의 나무와 2만 그루 이상의 식

| 주요 요소 | 설명 | 효과 |
| --- | --- | --- |
| 자연광 | 충분한 자연광 유입 | 심리적 안정, 생체 리듬 조절 |
| 식물 | 실내 식물 배치 | 공기 정화, 스트레스 감소 |
| 자연 소재 | 나무, 돌 등 자연 재료 사용 | 촉각적 만족, 자연과의 연결감 |
| 자연 패턴 | 유기적 형태와 패턴 적용 | 시각적 편안함, 창의성 향상 |
| 물 요소 | 분수, 수족관 등 물 활용 | 심리적 안정, 집중력 향상 |
| 자연 향 | 꽃, 나무 등의 자연 향기 | 스트레스 감소, 기분 전환 |
| 자연 소리 | 새 소리, 물 흐르는 소리 등 | 집중력 향상, 편안함 증대 |
| 공간 다양성 | 개방형과 폐쇄형 공간의 조화 | 선택의 자유, 안정감 제공 |
| 생태적 연결 | 실내외 연결, 생태계 고려 | 환경 의식 향상, 지속가능성 |
| 자연 색상 | 녹색, 갈색 등 자연 색상 활용 | 시각적 편안함, 스트레스 감소 |

식물과 함께하는 실내 공간의 심리적 효과

물을 수용하는 주거용 타워로, 바이오필릭 디자인이 어떻게 자연 정화와 단열 효과를 제공하면서 도시 경관을 향상시킬 수 있는지 보여주는 대표적인 사례이다.

지속 가능한 소재의 선택은 친환경 건축의 핵심 요소이다. 빛과 적외선 투과를 제어하는 스마트 유리 창호, 전도성 나노카본 시멘트를 활용한 자가 발열 콘크리트 등의 혁신 기술은 건물의 환경 발자국을 줄이는 에너지 효율적인 솔루션을 제공한다. 또한 100% 재활용 플라스틱과 고무로 만든 복합 지붕재, 대마와 석회를 혼합한 햄프크리트 Hempcrete 등 재활용 소재와 식물 기반 단열재의 사용은 건축 환경의 지속 가능성을 더욱 높인다.

부지 선정 및 계획, 에너지 효율적인 건물 외피 설계, 신재생 에너지원의 통합 등 지속 가능한 건축 기법 역시 환경 친화적인 공간 조성에 필수적이다. 지형, 기후, 기존 생태계 등을 면밀히 고려함으로써 건축가는 자연 경관에 조화롭게 어우러지는 구조물을 설계할 수 있으며, 이는 생물 다양성을 보존하고 인간 활동과 환경 사이의 균형 잡힌 관계를 촉진한다.

최첨단 디지털 기술과 자연 요소를 결합한 웰니스 센터 개념인 히든 루프The Hidden Loop는 조화로운 통합의 가능성을 보여준다. 자연의 소리와 앰비언트 음악이 어우러진 몰입형 치유 공간을 조성함으로써 히든 루프는 평화롭고 고요한 분위기를 조성하여 치유 과정을 향상시키고 자연 세계와의 깊은 연결을 도모한다.

우리가 지속 가능한 미래를 향해 나아감에 따라 지구의 건강뿐만 아니라 우리 마음의 안녕을 위해서도 친환경 건축의 중요성을 인식하는 것이 필수적이다. 바이오필릭 디자인 원칙을 수용하고, 지속 가능한 소재를 선택하며, 환경 친화적인 건축 기법을 적용함으로써 우리는 긍정적인 인지 반응을 촉진하고 자연 세계에 대한 더 깊은 감사를 불러일으키는 공간을 만들어낼 수 있다.

공간, 자연, 인간의 지속 가능한 공존은 먼 미래의 꿈이 아니라 실현 가능한 현실이다. 건축가와 디자이너들이 친환경 설계의 한계에 도전해 나감에 따라, 우리에게는 생태계의 섬세한 균형을 보존할 뿐만 아니라 인간의 정신을 함양하는 건축 환경을 조성할 수 있는 기회가 주어진다. 바이오필릭 디자인과 지속 가능한 건축의 힘을 수용함으로써 우리는 건축 환경과 자연 세계가 완벽한 조화를 이루며, 모든 생명체의 건강과 행복, 안녕을 증진하는 미래를 위한 길을 열어갈 수 있을 것이다.

친환경 건축은 단순히 트렌드나 선택 사항이 아니라, 우리의 삶의 질과 직결되는 필수 요소로 자리매김하고 있다. 건축가, 디자이너, 도시 계획가들은 지속 가능한 건축 실현을 위해 끊임없이 노력해야 한다. 동시에 일반 시민들 또한 친환경 건축의 가치를 인식하고, 이를 일상생활에서 실천하는 것이 중요하다. 우리 모두가 함께 노력할 때, 비로소 인간과 자연이 조화롭게 공존하는 건강하고 행복한 미래를 만들어갈 수 있을 것이다.

## 뇌와 AI의 콜라보레이션, 뉴로모픽 건축의 미래

인간의 인지와 인공지능의 경계가 빠르게 흐려지고 있는 세상에서, 뇌 과학과 인공지능의 융합은 우리가 설계하고 경험하는 건축 환경의 방식을 혁신하고 있다. 뉴로아키텍처로 알려진 이 공간 혁명은 우리의 생활 공간을 웰빙, 창의성, 행복을 증진하는 뇌 친화적인 공간으로 탈바꿈시키는 열쇠를 쥐고 있다.

뉴로아키텍처에서 인공지능의 잠재력은 광범위하고 심오하다. 생성 디자인의 힘을 활용함으로써 인공지능은 뇌 과학 원리를 매끄럽게 통합한 건축 설계를 창출할 수 있으며, 이는 미적으로 아름다울 뿐만 아니라 최적의 인지 기능을 촉진하는 공간을 만들어낸다. 집중력을 높이고, 스트레스를 줄이며, 평온함을 증진하도록 세심하게 만들어진 건물에 들어서는 것을 상상해 보라. 이것이 바로 인공지능 기반 뉴로아키텍처가 약속하는 미래이다. 그러나 뉴로아키텍처의 진정한 마법은 우리의 공간 경험을 개인화할 수 있는 능력에 있다. 인간 행동, 뇌 기능, 환경 요인과 관련된 방대한 데이터를 분석함으로써 인공지능은 개인의 독특한 요구와 선호도에 대한 귀중한 통찰력을 건축가들에게 제공할 수 있다. 이러한 지식은 각 개인의 특정 요구 사항에 맞춰진 맞춤형 건축 설계로 변환될 수 있으며, 이는 우리 존재의 연장선상에 있는 것처럼 느껴지는 공간을 만들어낸다.

뉴로아키텍처의 미래는 단순히 효율성과 기능성에 최적화된 공간을 만드는 것이 아니라, 우리의 감성과 공명하고 창의성과 혁신의 새로운 경지에 도달하도록 영감을 주는 환경을 조성하는 것이다. 이것이 바로 뇌에서 영감을 얻은 인공지능이 등장하는 지점으로, 뉴로모픽 컴퓨팅의 원리를 활용하여 인간의 뇌만큼 직관적이고 적응력이 뛰어난 지능형 공간 설계 솔루션을 만들어낸다.

거주자와 함께 학습하고 진화할 수 있는 건물을 상상해 보라. 끊임없이 변화하는 요구와 선호도에 지속적으로 적응하는 건물 말이다. 뇌에서 영감을 받은 인지 아키텍처와 자기 기반 인공지능을 통합함으로써,

우리의 생활 공간은 점점 더 복잡해지는 세상에서 번영하는 데 필요한 지원과 자극을 제공하는 진정한 동반자가 될 수 있다.

물론 큰 힘에는 큰 책임이 따르며, 건축 설계에서 뇌 과학과 인공지능의 융합은 중요한 윤리적, 사회적, 철학적 질문을 제기한다. 우리가 뉴로아키텍처의 이 새로운 세계를 탐색함에 따라, 편향, 프라이버시 침해, 디자인 프로세스에서 인간 주체성 침식의 잠재적 위험에 대해 경계를 늦추지 말아야 한다.

공공 공간 설계에 뇌 과학의 통찰력을 반영함으로써, 우리는 신체적 또는 인지적 능력에 관계없이 모든 사람에게 접근 가능하고 환영받을 수 있는 환경을 조성할 수 있다. 그리고 감성 지능형 디자인의 힘을 활용함으로써, 한때는 불가능하다고 여겨졌던 방식으로 사람들을 하나로 모아 더 큰 공동체 의식과 소속감을 조성할 수 있다.

이 공간 혁명의 기로에 서 있는 지금, 뇌와 인공지능의 협업이 건축의 미래를 이끌 원동력이 될 것임은 분명하다. 뇌에서 영감을 받은 인공지능의 잠재력을 최대한 활용함으로써, 우리는 단순히 기능적인 것이 아니라 진정으로 변혁적인 생활 공간을 만들 수 있다. 우리에게 더 크게 꿈꾸고, 더 창의적으로 사고하며, 더 충만하게 살도록 영감을 주는 공간 말이다.

뉴로아키텍처의 이 새로운 세계에서 가능성은 무한하다. 우리는 날이 갈수록 인간의 정신과 건축 환경 사이의 간극을 메우는 새로운 방법을 발견하고 있으며, 단순한 물리적 구조물이 아니라 우리 존재 그 자체의 연장선인 공간을 만들어내고 있다. 우리가 계속해서 가능성의 한계를 넓혀갈수록, 우리의 생활 공간이 단순히 거주하는 장소가 아니라 더 나은, 더 밝은 내일을 향한 우리의 여정에서 진정한 동반자가 되는 미래를 기대해 볼 수 있다. 그러므로 우리는 개방적인 마음으로 이 공간 혁명을 받아들이자. 건축 설계에서 뇌 과학과 인공지능의 융합이 개인과 사회로서 우리의 잠재력을 최대한 발휘할 수 있는 열쇠를 쥐고 있음을 알기에 말이다. 함께 우리는 모든 공간이 인간 정신의 아름다움, 창의성, 회복력을 반영하는 세상을 만들 수 있다. 우리가 진정으로 집이라고 부를 수 있는 세상 말이다.

## 당신의 뇌를 위한 행복한 공간 설계

개인 맞춤형 신경건축학이 가져올 공간의 혁명은 우리 각자의 독특한 뇌 특성, 선호도, 심리적 요구를 고려하여 공간을 설계하게 만든다. 또한 웰빙과 인지 능력을 최적화할 수 있다는 개념은 우리가 살고, 일하고, 휴식하는 방식을 근본적으로 변화시킬 잠재력을 지니고 있다.

모든 사람이 자신만의 인지 과정, 정서적 반응, 행동 패턴을 뒷받침하는 맞춤형 공간에서 생활하는 세상을 상상해 보라. 단순히 개인의 취향을 반영할 뿐만 아니라 기분, 생산성, 전반적인 삶의 질을 향상시키는 집. 창의력, 집중력, 동료와의 협업을 증진하는 사무실. 개개인의 학습 스타일과 감각적 선호도에 맞춰 환경을 제공함으로써 학습 성과를 극대화하는 학교.

이러한 비전은 먼 미래의 꿈이 아니라 신경과학, 심리학, 건축 설계의 획기적인 발전 덕분에 빠르게 진화하는 현실이다. 뇌 영상, 아이트래킹, 가상현실과 같은 최첨단 기술을 근거 기반 설계 원칙과 통합함으로써 건축은 이제 심미적으로 아름다울 뿐만 아니라 인간의 뇌에 최적화된 기능적 공간을 만들어낼 수 있게 되었다.

공간 요소에 대한 뇌의 반응을 분석함으로써 설계자는 자연광에 대한 선호도나 더 구조화된 환경에 대한 필요성 등 특정 선호도와 요구 사항을 파악할 수 있다. 이러한 정보는 인지 기능, 정서적 웰빙, 전반적인 삶의 질을 향상시키는 요소를 통합하여 공간 설계에 반영된다.

신경건축학의 하위 분야인 바이오필릭 디자인은 뇌에 친화적인 공간을 만드는 또 다른 중요한 측면이다. 건축 환경에 식물, 수경 시설, 자연 소재 등의 자연 요소를 도입함으로써 우리의 타고난 자연과의 연결성을 활용하여 평온함, 회복, 웰빙의 감각을 촉진할 수 있다. 자연에 노출되면 스트레스가 감소하고, 기분이 좋아지며, 인지 능력이 향상된다는 연구 결과는 바이오필릭 디자인이 신경건축가의 중요한 도구임을 보여준다.

기술이 계속 발전함에 따라 개인 맞춤형 신경건축학의 가능성은 점점 더 흥미로워지고 있다. 예를 들어, 아이트래킹과 가상현실 기술을 사용하여 다양한 설계 요소에 대한 개인의 반응을 측정하고 뇌 기능과 행동에 미치는 영향을 시뮬레이션할 수 있다. 이를 통해 시공 전에 설계를 테스트하고 개선할 수 있으며, 최종 결과물이 사용자의 요구에 최적으로 맞춰질 수 있도록 한다.

개인 맞춤형 신경건축학의 잠재적 응용 분야는 광범위하고 영향력이 크다. 더 나은 수면을 촉진하고 스트레스를 줄이는 주택 설계부터 생산성과 협업을 높이는 직장 설계까지, 뇌에 친화적인 설계의 이점은 무한하다. 교육 현장에서는 신경건축학을 활용하여 다양한 학습 스타일과 감각적 선호도에 맞는 학습 환경을 조성함으로써 학생들의 참여도와 학업 성취도를 극대화할 수 있다. 의료 시설에서는 치유를 촉진하고, 불안을 줄이며, 환자의 치료 결과를 개선하는 공간을 설계하는 데 활용될 수 있다.

실제 신경건축학이 적용된 사례는 이미 등장하고 있으며, 이러한 접근법의 실질적인 이점을 보여준다. 실리콘밸리에 위치한 구글과 삼성 사무실은 건축회사 NBBJ가 설계한 것으로, 직원의 만족도와 생산성을 높이기 위해 신경건축학의 원칙을 적용했다. 에콰도르에서는 자연

바이오필릭 디자인 요소가 적용된 실내 공간

광, 녹지, 반개방형 공간을 활용한 신경건축학 원칙에 따라 설계된 재활 공간이 환자 만족도를 90%나 향상시켰다.

개인 맞춤형 신경건축학 분야가 계속 발전함에 따라 학제 간 협업이 그 잠재력을 최대한 발휘하는 데 핵심이 될 것이다. 건축가, 신경과학자, 심리학자, 기술 전문가 간의 파트너십을 육성함으로써 우리는 혁신을 주도하고 인간의 웰빙을 진정으로 뒷받침하는 공간을 만들 수 있다. 이러한 협력은 또한 직관에 대한 의존도를 줄이고 신경건축학적 해결책이 확고한 과학적 연구에 기반을 두도록 함으로써 보다 근거 기반의 설계 관행으로 이어질 것이다.

개인 맞춤형 신경건축학의 미래는 밝으며, 그 가능성은 무한하다. 뇌와 건축 환경 사이의 관계에 대한 수수께끼를 계속 풀어나감에 따라 우리는 개인의 선호도를 반영할 뿐만 아니라 인지 능력, 정서적 웰빙, 전반적인 삶의 질을 최적화하는 공간을 만들 수 있게 될 것이다. 인간 중심의 설계를 우선시하고 신경과학과 기술의 힘을 활용함으로써 우리는 모든 공간이 몸과 마음, 영혼을 위한 안식처가 되는 세상을 만들 수 있다.

새로운 분야를 받아들이고 함께 노력하여 개인 맞춤형 신경건축학이 예외가 아닌 규범이 되는 미래를 만들어 나가야 한다. 단순히 영감을 주고 기쁨을 주는 것뿐만 아니라 인간 뇌의 놀라운 복잡성과 다양성을 길러주고 지원하는 공간을 설계해야 한다. 그렇게 함으로써 우리는 단순히 우리가 사는 방식을 변화시킬 뿐만 아니라 인간 경험의 모든 잠재력을 열어줄 수 있을 것이다.

또한 자연 요소를 적극 활용하는 바이오필릭 디자인은 신경건축학의 중요한 설계 전략 중 하나로, 인간의 본능적인 자연 선호 경향을 건축 환경에 반영함으로써 심리적 안정과 스트레스 감소, 인지 능력 향상 등의 효과를 기대할 수 있다. 주거 공간, 직장, 학교, 의료 시설 등 우리가 일상적으로 경험하는 다양한 공간에 신경건축학의 원리를 적용함으로써 인간 중심의 건축 환경을 구현할 수 있는 잠재력은 무궁무진하다.

우리는 지금 건축 패러다임의 대전환점에 서 있다. 신경건축학의 발전과 개인 맞춤형 공간 설계의 확산은 단순히 트렌드를 넘어 미래 건축의 새로운 표준으로 자리매김할 것이다. 인간의 삶의 질을 근본적으로 향상시키는 뇌 친화적인 건축 환경의 구현, 그것이 바로 우리가 추구해야 할 미래 건축의 궁극적인 지향점이 되어야 할 것이다.

하나의 공간이 만들어질 때 누군가는 하늘을 바라보고 싶을 것이고, 누군가는 틈새 사이로 보이는 하늘을 보고 싶을 것입니다. 다양한 생각과 관점들은 공간에 녹아들고, 외부의 아름다움은 실내로 이어져 우리는 그 공간을 느끼고, 기억하게 될 것입니다. 우리의 삶과 정서, 생각, 행동은 단순히 개인의 특성만이 아니라 우리를 둘러싼 공간에 의해서도 크게 좌우됩니다. 신경건축학은 우리 뇌가 공간에 어떻게 반응하고 영향을 받는지 밝혀내며, 사람을 위한 공간 디자인을 위한 과학적 토대를 제시합니다.

공간은 단순한 물리적 환경이 아니라 우리의 뇌와 적극적으로 소통하며 우리의 삶에 지대한 영향을 미치고, 뇌에 긍정적 자극을 주는 공간 디자인은 학습과 창의성을 촉진하고, 정서적 안정과 스트레스 해소에 도움을 줍니다. 또한 사회적 유대감과 소통을 강화하며, 자연과의 조화로운 공존을 통해 우리의 삶의 질을 높일 수 있습니다.

우리 모두가 뇌 친화적인 환경에서 생활할 수 있다면 더욱 건강하고 행복한 삶을 영위할 수 있을 것입니다. 아이들이 성장하기 좋은 환경, 어르신들이 편안히 거주할 수 있는 공간, 그리고 지속가능한 발전을 추구하는 건축 환경은 우리 사회가 추구해야 할 가치이자 과제입니다.

　건축환경은 바꿀 수 없다는 우리의 고정관념을 깨고, 건축환경은 바꿀 필요가 없다는 생각으로 변화시키면 내가 행복하고, 뇌가 행복한 공간을 만들 수 있습니다. 우리가 공간을 바꾸는 것이 아니라, 공간이 우리의 삶을 바꾸는 놀라운 변화를 맞이하시길 바랍니다.

## 공간의 공감
### 우리 삶과 행복을 결정짓는 공간의 비밀

발 행  2024년 8월 9일 초판 1쇄 발행
저 자  이 혜 진
발행처  클레버니스
발행인  조 성 준
주 소  서울특별시 은평구 갈현로 11길 46
전 화  010-2993-3375
팩 스  02-2275-3371
등록번호  제 2024-000045호
등록일자  2024년 5월 9일
ISBN  979-11-94129-34-9 (03180)
정 가  25,000원

※ 이 책은 저작권법에 의해 보호를 받는 저작물로 무단 전재나 복제를 금지하며,
※ 이 책 내용의 전부 또는 일부를 이용하려면 반드시 저작권자나 발행인의 서면동의를 받아야 합니다.
※ 파본 및 낙장은 구입하신 서점에서 교환하여 드립니다.